高等职业教育 **计算机类专业** 系列教材

（大数据技术专业）

移动物联网应用开发

主　编　李世钊
副主编　周　雄　王志豪

重庆大学出版社

内容提要

本书以智能仓储 App 项目为载体，基于项目的软件功能创设详细的开发设计学习情境，将完成工作任务所需相关理论知识构建于项目中，使学习者可以在任务中进行相关职业从业能力的训练；同时融入具有物联网行业特色的应用开发步骤，帮助学习者适应物联网专业的岗位需求；在知识和技能方面，帮助学习者提升移动物联网应用的设计开发能力，从而为物联网行业培养移动应用开发技术人才。

本书适合作为高职院校物联网等相关专业的教学用书，同时也适合 Android（安卓）应用开发的初学者参考使用。

图书在版编目(CIP)数据

移动物联网应用开发 / 李世钊主编. -- 重庆：重庆大学出版社, 2024.4
高等职业教育大数据技术专业系列教材
ISBN 978-7-5689-4487-8

Ⅰ.①移… Ⅱ.①李… Ⅲ.①移动终端—应用程序—程序设计—高等职业教育—教材 Ⅳ.①TN929.53

中国国家版本馆 CIP 数据核字(2024)第 092957 号

移动物联网应用开发

主　编：李世钊
策划编辑：秦旖旎
责任编辑：陈　力　　版式设计：秦旖旎
责任校对：王　倩　　责任印制：张　策

*

重庆大学出版社出版发行
出版人：陈晓阳
社址：重庆市沙坪坝区大学城西路21号
邮编：401331
电话：(023) 88617190　88617185(中小学)
传真：(023) 88617186　88617166
网址：http://www.cqup.com.cn
邮箱：fxk@cqup.com.cn（营销中心）
全国新华书店经销
重庆长虹印务有限公司印刷

*

开本：787mm×1092mm　1/16　印张：16.25　字数：368千
2024年4月第1版　2024年4月第1次印刷
ISBN 978-7-5689-4487-8　定价：48.00元

本书如有印刷、装订等质量问题，本社负责调换
版权所有，请勿擅自翻印和用本书
制作各类出版物及配套用书，违者必究

前 言

为进一步强化职业教育的类型特征,树立以学习者为中心的教学理念,落实以实训为导向的教学改革,根据《国家职业教育改革实施方案》倡导使用新型活页式、立体化教材并配套开发信息化资源,本书响应教改号召,在物联网场景下以智能仓储项目为原型设计教材。

本书以智能仓储 App 项目为载体,基于项目的软件功能创设详细的开发设计学习情境。整个学习项目由 8 个任务组成,任务前后排序符合学生的认知规律,采用从简单到复杂、从单一到综合的方法排序。本书以真实的工作过程为导向,融入物联网行业特色的应用开发步骤,将每个任务按照准备与计划、任务实施、任务检查、评价反馈和任务拓展 5 个环节分阶段开展,既遵循了软件开发流程,也能让学习者较系统性地学习 Android 的开发知识和开发技能。同时,在每个任务中还包含知识链接和小提示,为学习者提供参考和借鉴。

另外,本书并不是一本系统和全面地介绍 Android 知识的教材,而是通过完成项目的开发过程来进行 Android 相关知识的学习和应用,以提高学习者的 Android 开发水平和实际项目场景下的应用开发能力,让学习者在任务中实现自主学习、自主探究和主动学习,最终达到在学中做、在做中学,以学促做、知行合一的效果。本书学时安排见下表。

序号	教学内容	学习任务	参考学时/个
1	智能仓储项目概述	系统的项目需求和功能描述	4
2	搭建仓储项目——移动端开发环境	如何搭建开发环境及工程的建立	4
3	创建系统导航主界面	如何创建系统导航主界面	8
4	创建库位详情界面	如何创建库位详情和页面跳转	6
5	实现入库功能	如何创建页面布局和入库功能的实现	12
6	实现出库功能	如何创建页面布局和出库功能的实现	6
7	云平台参数配置	如何存储云平台参数配置	6
8	从云平台获取仓储环境数据	如何从云平台获取、展示环境数据	8
9	监控仓储环境异常数据	如何对异常数据进行监测与设备控制	10

本书由重庆工程职业技术学院李世钊担任主编、新大陆时代教育科技有限公司周雄、王志豪担任副主编。其中,智能仓储项目概述,任务 2、3、4、8 由李世钊编写,任务 6、7

由周雄编写,任务1、5由王志豪编写。同时,参与本书编写的还有重庆工程职业技术学院李辛津,四川信息职业技术学院宋美容,新大陆时代科技有限公司黎林、欧盟、郑印。本书编写过程中还参考了众多专家学者的研究成果,在书后以参考文献形式列出,在此向所有作者表示深深的谢意。由于编者水平有限,书中难免有错漏之处,恳请读者批评指正。

目 录

背景知识：智能仓储 ... 1
0.1 物联网背景介绍 ... 2
0.2 移动物联网 ... 4
0.3 Android 系统介绍 ... 5
0.4 智能仓储项目介绍 ... 8
0.5 智能仓储 App 功能 ... 11

任务 1 搭建仓储项目——移动端开发环境 ... 14
1.1 准备与计划 ... 15
1.2 任务实施 ... 16
1.3 任务检查 ... 22
1.4 评价反馈 ... 23
1.5 任务拓展 ... 23

任务 2 创建系统导航主界面 ... 24
2.1 准备与计划 ... 26
2.2 任务实施 ... 26
2.3 任务检查 ... 50
2.4 评价反馈 ... 52
2.5 任务拓展 ... 52

任务 3 创建库位详情界面 ... 55
3.1 准备与计划 ... 57
3.2 任务实施 ... 57
3.3 任务检查 ... 68

3.4　评价反馈 ··· 69
3.5　任务拓展 ··· 69

任务 4　实现入库功能 ··· 72

4.1　准备与计划 ··· 74
4.2　任务实施 ··· 75
4.3　任务检查 ··· 122
4.4　评价反馈 ··· 123
4.5　任务拓展 ··· 124

任务 5　实现出库功能 ··· 127

5.1　准备与计划 ··· 129
5.2　任务实施 ··· 130
5.3　任务检查 ··· 149
5.4　评价反馈 ··· 150
5.5　任务拓展 ··· 150

任务 6　云平台参数配置 ··· 154

6.1　准备与计划 ··· 156
6.2　任务实施 ··· 157
6.3　任务检查 ··· 177
6.4　评价反馈 ··· 178
6.5　任务拓展 ··· 178

任务 7　从云平台获取仓储环境数据 ··· 182

7.1　准备与计划 ··· 184
7.2　任务实施 ··· 185
7.3　任务检查 ··· 207
7.4　评价反馈 ··· 208
7.5　任务拓展 ··· 209

任务 8　监控仓储环境异常数据 ··· 213

8.1　准备与计划 ··· 215

8.2 任务实施 ……………………………………………………………… 216
8.3 任务检查 ……………………………………………………………… 246
8.4 评价反馈 ……………………………………………………………… 248
8.5 任务拓展 ……………………………………………………………… 248

参考文献 ………………………………………………………………… 251

背景知识:智能仓储

项目概述

本项目主要介绍智能仓储移动端应用系统的任务需求和功能描述。

知识目标

- 理解物联网关键技术和典型物联网系统。
- 理解移动物联网。
- 了解 Android 系统体系架构和典型的 Android 应用。
- 深入理解智能仓储项目需求。

技能目标

- 能够准确地描述任务需求和项目功能。

素质目标

- 培养诚实守信、爱岗敬业和精益求精的工匠精神。
- 培养合作能力、交流能力和组织协调能力。
- 培养从事工作岗位的可持续发展能力。
- 培养爱国主义情怀,激发使命担当。

思政点拨

　　面对美国对我国芯片和软件的制裁,华为公司加大了自主研发和创新的力度,推出了鸿蒙操作系统,打破了谷歌公司的垄断。通过本章介绍,激发学生爱国热情,让学生感受新时代我国科技方面取得的历史性成就,发生的历史性变革,树立创新意识,将科技创新融入中国特色社会主义现代化国家建设事业的各个方面。倡导学生从自身做起,通过努力学精专业知识,提高综合能力,为国产移动操作系统发展贡献一份力量。

　　师生共同思考:我们能为国产操作系统做些什么?

0.1　物联网背景介绍

0.1.1　物联网的概念

　　物联网(Internet of Things,IoT)是一个基于互联网、传统电信网等信息承载体,让所有能够被独立寻址的普通物理对象实现互联互通的网络。它通过射频识别(Radio Frequency Identification,RFID)、红外感应器、全球定位系统、激光扫描器等信息传感设备,按约定的协议,把任何物品通过物联网域名连接起来,进行信息交换和通信,以实现智能化识别、定位、跟踪、监控和管理。物联网可以被理解为在互联网基础上延伸和扩展的网络,是将各种信息传感设备与互联网结合起来而形成的一个巨大网络,可实现人、机、物在任何时间、任何地点互联互通。

0.1.2　物联网关键技术

①物联网的产业链可分为标识、感知、信息传送和数据处理。

②关键技术包括 RFID 技术、二维条码技术、传感器技术、近距离/远距离无线通信技术、云计算和云服务技术等。

③核心技术包括传感器技术、RFID 技术、嵌入式系统技术、网络通信技术、云计算技术(表 0.1)。

表 0.1　物联网核心技术

核心技术	定义
传感器技术	负责信息采集,是物联网系统工作的基础
RFID 技术	一种无线通信技术,可以通过无线电信号进行非接触式的快速信息交换和存储,在自动识别、物品物流管理领域有广阔的应用前景
嵌入式系统技术	是融传感器技术、计算机软硬件、集成电路技术、电子应用技术为一体的复杂技术
网络通信技术	分为近距离和远距离通信技术,近距离通信技术包括蓝牙、ZigBee 技术等,远距离通信技术包括 LoRa 和 NB-IoT 技术
云计算技术	是分布式计算、并行计算、效用计算、网络存储、负载均衡、热备份冗杂和虚拟化等技术融合的产物

0.1.3　典型物联网系统

一个典型的物联网系统主要包括智能硬件、云平台和移动 App,其三大核心关系如图 0.1 所示。

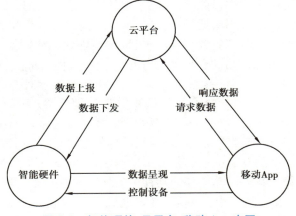

图 0.1　智能硬件、云平台、移动 App 交互

1)智能硬件

智能硬件位于物联网三层体系结构中的最底层,属于物联网的感知层设备,是信息采集的关键部分。感知层通过传感网络获取环境信息,包括识别技术(RFID 标签和读写器、二维码标签和识读器)、传感器、全球定位系统(Global Positioning System,GPS)、摄像头、M2M 终端等,其主要功能是识别物体、采集信息,采集后的信息根据应用场景、通过消息队列遥测传输协议(Message Queuing Telemetry Transport,MQTT)或者受限应用协议(Constrained Application Protocol,CoAP)向云平台发送消息。

2)云平台

云平台位于物联网三层体系结构中的最顶层,是物联网核心层次中的应用层,其功能是通过云平台进行信息处理。云平台的核心功能围绕数据和应用展开。

①数据:云平台需要完成数据的存储、管理和处理。

②应用:将数据和行业应用相结合(通过某种协议,与设备进行互联互通,对设备产生的数据进行分析并采取相应措施)。

3)移动 App

移动 App,即移动应用程序,是针对手机这种移动端连接到互联网或者无线网卡业务而开发的应用程序服务。其特点是可通用、可定制化,用户体验性强。

0.2 移动物联网

移动物联网概述

"物物相连"是物联网的特点。物联网是一个将各类具有联网功能的物体接入网络,从而实现信息共享和数据服务的网络系统。从体系架构来看,物联网包含 3 层:感知层、网络层、应用层。在体系架构中,感知层和网络层处于底层,承担采集设备基础信息或向设备发出控制信号等工作;应用层处于最上层,为用户提供人机交互的接口和服务。

移动物联网是移动环境下"物物相连"的互联网。随着无线网络技术的不断发展,移动物联网进入了人们的生活并扮演着重要的角色,可能有人仍然对移动物联网陌生,但 Wi-Fi、3G、4G、5G 等词人们应该非常熟悉,这些就是具体的移动物联网。

如果说移动物联网为应用的使用提供了网络基础,那么移动物联网设备则为应用和网络交互提供了载体。手机是典型的移动物联网设备,你应该再熟悉不过了,其具有沟通交流、网上购物、信息查询、在线学习、娱乐互动等便捷功能,人们都在主动或被动地接受其为我们服务,不论我们在生活中扮演着什么角色,手机都成了我们感知信息的途径的一部分,甚至可以说是我们感觉器官的延伸。类似手机的移动物联网设备还包括有联网功能的汽车、手表、数码相机、智能机器人(扫地机器人、消防机器人、聊天机器人等)。

移动物联网应用是经过编译运行的程序,它以移动物联网设备为载体,在设备中运行并发挥功能。和"万物"连接之后,如何使用这些数据和资源尤为重要。应用层负责将所有的数据汇集,在智慧家居中为用户提供智能化服务,在智能制造中为企业提供精益化、透明化数据呈现,在智慧交通中为市民做通行指导。可以说,生活中处处可见物联网应用的影子。

0.3 Android 系统介绍

安卓系统介绍

0.3.1 Android 系统的发展

Android 系统是一种基于 Linux 内核的自由及开放源代码的操作系统,由安迪·鲁宾(Andy Rubin)于 2003 年在美国加利福尼亚州创建,后来被谷歌(Google)公司于 2005 年收购。在 2008 年谷歌公司发布了第一部 Android 智能手机。随着时间的推进,谷歌公司不断更新完善 Android 系统版本,Android 系统也逐渐扩展到平板电脑、手表、电视、汽车、数码相机、游戏机、智能家电等多个领域。

最初,Android 的每一个版本都使用一个按照字母 A—Z 顺序开头的甜品来命名,但从 Android P 之后谷歌改变了这一传统的命名规则,可能是甜品名字并不能让人直观地了解到版本究竟有哪些特性,因此谷歌直接采用数字来命名系统,不再使用甜品作为开发代号。Android 各版本代号、API 层次及市场占有率见表 0.2。

表 0.2 Android 各版本代号、API 层次和市场占有率

Android 版本	开发代号	API 层次	市场占有率
1.5	Cupcake(纸杯蛋糕)	3	N/A
1.6	Donut(甜甜圈)	4	N/A
2.0/2.1	Eclair(泡芙)	5/6/7	N/A
2.2.x	Froyo(冻酸奶)	8	N/A
2.3.x	Gingerbread(姜饼)	9/10	N/A
3.0/3.1/3.2	Honeycomb(蜂巢)	11/12/13	N/A
4.0.x	Ice_Cream_Sandwich(冰淇淋三明治)	14/15	N/A
4.1/4.2/4.3	Jelly_Bean(果冻豆)	16/17/18	N/A
4.4	Kitkat(奇巧)	19/20	0.4%
5.0/5.1	Lollipop(棒棒糖)	21/22	0.2%/1.2%
6.0	Marshmallow(棉花糖)	23	1.9%
7.0/7.1	Nougat(牛轧糖)	24/25	1.3%/1.3%

续表

Android 版本	开发代号	API 层次	市场占有率
8.0/8.1	Oreo(奥利奥饼干)	26/27	1.9%/5.4%
9.0	pie(红豆派)	28	10.5%
10.0	android 10	29	16.1%
11.0	android 11	30	21.6%
12.0	android 12	31	15.8%
13.0	android 13	33	22.4%

从表 0.2 中可以看到,每个 Android 系统版本都有一定的占有率,最新的数据需要在谷歌官网上查询。所以,在进行 Android 开发之前需要认真考虑需要和哪些版本兼容,既要考虑应用支持新的系统版本带来的新功能和特性,也要考虑每个 Android 系统版本都有一定的占有率,因而给应用开发者带来了针对不同版本的适配问题。

0.3.2　Android 体系架构

Android 是为各类设备和机型而创建,和其他操作系统一样,采用分层架构思想,其架构清晰、层次分明、协同工作。Android 分为 5 层,从低层到高层分别是 Linux 内核层、硬件抽象层、系统运行库层、应用程序框架层和系统应用层。如图 0.2 所示为 Android 平台的体系架构。

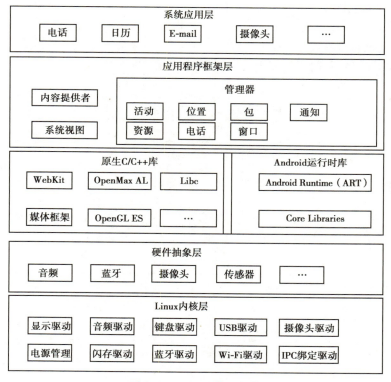

图 0.2　Android 体系架构

1) Linux 内核层

Android 平台的基础是 Linux 内核层,这一层提供诸如进程管理、内存管理、网络协议栈等操作系统级服务。使用 Linux 内核可让 Android 更安全,并且允许移动设备制造商为其内核开发硬件驱动程序,如显示驱动、蓝牙驱动、音频驱动、摄像头驱动、键盘驱动、Wi-Fi 驱动、闪存驱动、IPC 绑定驱动等。

2) 硬件抽象层(HAL)

该层为不同的硬件提供统一的访问接口。HAL 包含多个库模块,其中每个模块都为特定类型的硬件组件实现一个访问接口,例如蓝牙或相机模块。当应用框架 API 要求访问设备硬件时,Android 系统将为该硬件组件加载库模块。

3) 原生 C/C++ 库

该层属于系统运行库层,包含支持上层功能所需要的大量 C/C++ 函数库。许多核心 Android 系统组件和服务需要以 C 和 C++ 编写的原生库,例如 ART 和 HAL 构建自原生代码。如果开发的是需要 C 或 C++ 代码的应用,可以使用 Android NDK 直接从原生代码访问某些原生平台库。

4) Android 运行时库

该层属于系统运行库层,Android 运行时库包括核心库和 Android 虚拟机,前者既兼容大多数 Java 语言所需要调用的功能函数,又包括 Android 的核心库。关于 Android 虚拟机,在 5.0 版本之前使用 Dalvik 虚拟机,而在 5.0 及以后的版本使用 ART 虚拟机。Dalvik 虚拟机是一种解释执行的虚拟机,由于其在运行 App 时进行动态编译,这使得运行 App 的速度较慢;而 ART 采用 AOT(Ahead Of Time)技术,在安装 App 时就进行编译,使得运行 App 的效率得到大幅提升。

5) 应用程序框架层

所有的 App 都是基于应用程序框架层开发的,应用程序框架层提供大量的 API 供开发者使用。主要包含以下组件和服务。

①活动管理器:用于管理应用的生命周期,提供常见的导航回退功能。

②资源管理器:提供应用程序使用的各种非代码资源,例如本地化的字符串、布局文件、图片、颜色文件等。

③通知管理器:可让所有应用在状态栏中显示自定义的提示信息。

④包管理器:用于管理安卓系统中的程序。

⑤内容提供程序:可让应用访问其他应用(例如"联系人"应用)中的数据或者共享其自己的数据。

⑥视图系统:用于构建应用的 UI,包括列表、按钮、文本框,甚至可嵌入的网络浏览器。

⑦窗口管理器:管理所有的窗口程序。

⑧位置管理器:提供位置服务。

6）系统应用层

这一层主要包含各种应用程序软件，包括最基本的联系人、短信、通话、浏览器等App，还包括大量开发者自己开发的各种App，智能仓储App 就属于这一层。

Android 提供了统一的应用程序开发方法，开发人员只需要对 Android 进行开发，这样编写的应用程序就能够运行在不同的搭载 Android 系统的移动设备上。一个典型的 Android 应用包含布局、活动和资源。

布局：组织屏幕上的按钮、文本框、图像等不同控件排列。

活动：主要用于和用户进行交互，通过运行应用代码对交互作出响应，使用 Java 语言编写。

资源：包括应用所需要的额外资源，如图片资源、用户界面资源和简单数据资源。

0.3.3　Android 系统的特点

1）开放性

Android 平台呈开放性，开发的平台允许任何移动终端厂商加入 Android 联盟中。显著的开放性可以使其拥有更多的开发者。随着用户和应用的日益丰富，一个崭新的平台也将很快走向成熟。开放性对于 Android 而言，有利于积累人气。这里的人气包括消费者和厂商，而对于消费者来讲，最大的受益正是丰富的软件资源。

2）丰富的硬件

这一点还是与 Android 平台的开放性相关。由于 Android 的开放性，众多的厂商会推出各具功能特色的多种产品，功能上的差异和特色不会影响数据同步甚至软件的兼容。

3）方便开发

Android 平台给第三方开发商提供了一个较为宽泛的环境，使其不会受到各种条条框框的阻挠。

4）谷歌应用

谷歌服务如地图、邮件、搜索等已经成为连接用户和互联网的重要纽带，而 Android 平台手机将无缝结合这些优秀的谷歌服务。

0.4　智能仓储项目介绍

智能仓储项目介绍、智能仓储App 功能

随着物联网技术的普及，越来越多的领域通过物联网技术进行改造。通过对不同的设备进行智能化改造，增设传感器，并且通过低功耗、高稳定的通信芯片将数据发送到云端,然后对数据进行统一分析和处理,以实现各种设备的智能化,从而提高用户体验,降低运营成本。

仓储管理是制造型企业日常管理的重要环节,它关系到企业的生产运营、日常成本控制等各个环节。随着物联网技术的不断发展,仓储管理也开始向智能化方向转型。如图 0.3 所示,智能仓储旨在提高仓储精细化管理水平,用信息化方式管理物料仓储库存,提高仓库的库存管理能力,减少剩料的堆积浪费和运营成本。智能仓储管理具有以下功能。

仓储项目功能介绍

图 0.3　智能仓储管理应用系统移动端

1）提高出入库效率

图 0.4 展示了智能仓储的出入库管理过程。系统对物料存取位置进行推荐并记录,执行出入库任务。亮灯控制模块根据系统推荐的库位编号,能快速映射到其库位亮灯网络的物理地址,从而对目标库位进行亮灯控制;仓库人员根据亮灯情况,能快速找到出入库任务的库位位置,不会浪费时间去寻找库位。

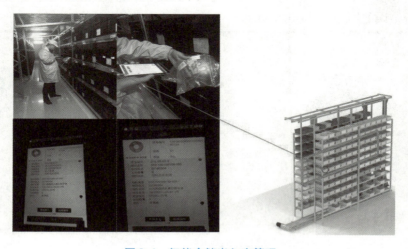

图 0.4　智能仓储出入库管理

2)无纸化管理物料台账

智能仓储管理系统管理各仓库的物料库存,自动统计物料的分布。仓库管理人员可以在系统中快速查找到各类物料的库存数量、账龄等信息,既能提高查找效率,又能节约纸张,实现环保,如图 0.5 所示。

已完成

作业号	物料编码	计划产量(公里)	排产量	完成量	不合格数
L20150729	15820100000070	420	420	420	0
L20150729	15820100000070	420	420	420	0
L20150729	15820100000070	420	420	420	0
L20150729	15820100000070	420	420	412	8
L20150729	15820100000070	420	420	412	8

待生产

作业号	物料编码	计划产量(公里)	排产量	完成量	不合格数
L20150729	15820100000070	420	---	---	---
L20150729	15820100000070	420	---	---	---
L20150729	15820100000070	420	---	---	---
L20150729	15820100000070	420	---	---	---
L20150729	15820100000070	420	---	---	---
L20150729	15820100000070	420	---	---	---

图 0.5　智能仓储台账管理

3)物料收发可追溯

在智能仓储管理系统中,物料从采购入库时就绑定了对应的供应商、日期、点检人员等信息,后续物料出库如发现物料质量问题,系统有源可溯,能快速找到物料的整个流转过程,分析错误的原因,如图 0.6 所示。

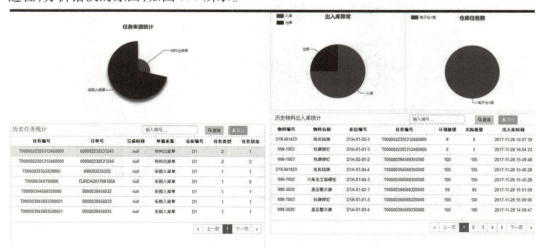

图 0.6　智能仓储溯源管理

背景知识：智能仓储

智能仓储管理系统管理仓库的物料库存和质量,根据生产物料清单(Bill of Material,BoM)及时发出安全库存预警,仓库管理人员能提前预知缺料,从而满足生产需要,减少物料周转时间,提高生产效率。对于不良品,系统在质量控制(Quality Control,QC)时,会提示入不良品库位,从而在入库时就避免不良品进入生产而产生浪费,降低了半成品成本。

0.5 智能仓储 App 功能

根据仓储管理的功能需求,为了能对物料出入库进行数字化、信息化、智能化管理,智能仓储管理 App 应用设计了几个功能界面,用于管理物料的出入库过程,如仓储首页、库位详情页、物料入库页、入库详情页、物料出库页等页面。该 App 利用物联网技术进行实时数据采集,对仓储环境及时发出感知预警。表 0.3 围绕以上场景的安卓开发过程详细介绍了安卓控件和安卓组件学习任务清单,后续将从以上界面的实现进行安卓开发技术的介绍。

表 0.3 任务清单

序号	任务清单	内容
1	搭建仓储项目-移动端开发环境	安装与配置 Android 开发环境,包含 Android 环境的安装配置、Android Studio 的界面配置、Android 项目工程目录、创建与配置智能仓储开发项目
2	创建系统导航主界面	初识 XML、使用相对布局和线性布局以及 TextView、ImageView 等控件进行主界面布局设计
3	创建库位详情界面	初识 Activity、线性布局 LinearLayout、按钮和事件的使用、页面跳转的实现、GridView 展示库存数据
4	实现入库功能	后台活动 Activity、ListView 列表和适配器的使用、OnItemClickListener、弹框的使用
5	实现出库功能	初识 JSON、JSON 和实体间的互转、轻量级数据存储对象 SharedPreferences 的使用
6	配置云平台参数	抽屉布局的设计与实现、SharedPreferences 的使用
7	从云平台获取仓储环境数据	HTTP 网络通信、多线程的使用、Handler 异步数据交互机制
8	监控仓储环境异常数据	Service 监听后台消息、通知 Notification 的使用、第三方 sdk 的使用方法、使用动画展示异常

· 11 ·

针对上述任务清单表中列的每一个任务,我们都设计了一个学习情境,从任务实施前的准备到情境任务的实施,我们会将每个任务的实现过程涉及的知识技能从任务中抽离出来,逐一进行介绍并再举例实现,让学习者了解并掌握页面效果背后的知识和技能,具备在其他功能需求下制作页面的能力,从而达到举一反三的效果。

任务清单中共有 8 个场景任务,设计任务时采用从易到难、各任务间弱关联的方式进行设计。在移动物联网场景中智能仓储管理移动应用开发的角度下,从界面设计、布局、控件的使用,到后台控制、列表开发、数据类型转换、安卓经典组件、网络编程的技术,再到远程数据采集和监控的实现等方面进行内容的设计和讲解,带你从物联网应用的角度来学习安卓开发。

0.5.1　创建系统导航主界面

仓储首页是智能仓储 App 的导航主页,首页左边区域是对仓储环境的温度、湿度、火焰、烟雾的实时监控,右边区域提供库位详情、入库、出库、直接出库导航等功能,用于管理仓库物料的出入过程和当前库存情况。通过该任务我们将学到 XML 文件的标签和属性结构、相对布局的使用、文本控件和图片控件等常用控件的标签和常用属性,如图 0.7 所示。

0.5.2　创建库位详情界面

库位详情页主要显示当前仓库存储信息,包含已用库位数、可用库位数、每个库位中的物料库存和可放库存等功能。通过该任务我们将学到已用库位数和可用库位数的布局和界面实现、Activity 活动、如何设置文本控件的值,如图 0.8 所示。

图 0.7　智能仓储首页

图 0.8　库位详情页

0.5.3　实现入库功能

入库功能通过 ListView 列表展示入库物料清单,该清单数据为模拟服务器下发的数据,通过单击清单中的子项,选中物料信息,通过弹出的入库物料详情框输入入库数据,实现物料的入库功能,如图 0.9 所示。通过该任务我们将学到 ListView 控件、自定义适配器、子项单击事件。

0.5.4　实现出库功能

与入库功能界面类似,出库功能界面也是通过 ListView 列表展示在库物料清单,通过单击清单中的子项,选中物料信息,在弹出的出库物料详情框输入出库数据,实现物料的出库功能,如图 0.10 所示。通过该任务我们将学到 JSON 数据格式的处理、轻量级数据存储对象 SharedPreferences 的使用。

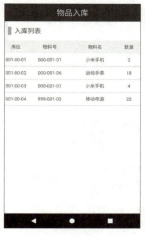
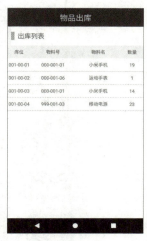

图 0.9　物品入库　　　　　图 0.10　物品出库

0.5.5　配置云平台参数

本任务主要实现用户连接云平台所需要的参数保存功能,配置各类传感器的阈值相关参数,实现联动功能,让用户可以更方便灵活地使用云平台。通过该任务我们将学到抽屉布局的设计与实现、SharedPreferences 的使用。

0.5.6　从云平台获取仓储环境数据

本任务主要介绍通过网络通信和服务器实现仓储首页中温度、湿度、火焰、烟雾 4 个数据的获取、实时更新和把数据显示在仓储首页界面中。通过该任务我们将学到如何设计网络通信对象、异步线程、Handler 消息同步机制、首页异常消息布局制作。

0.5.7　监控仓储环境异常数据

本任务主要实现对异常环境数据进行监测与设备控制。该任务中将学到后台服务 Service、消息通知对象 Notification、逐帧动画、补间动画。

任务 1
搭建仓储项目——移动端开发环境

任务1 搭建仓储项目——移动端开发环境

任务描述

Android Studio 是谷歌推出的一个 Android 集成开发工具,基于 IntelliJ IDEA。类似 Eclipse ADT,Android Studio 提供了集成的 Android 开发工具用于开发和调试。通过本任务的学习,读者可以完成 Android 开发环境的搭建,并创建完成第一个 Android 基础工程。本书使用 Android Studio 3.5.2 版本。

知识目标

- 熟悉 Android Studio 软件功能配置。
- 理解 Android Studio 工程目录结构。
- 掌握 Android 开发环境搭建。
- 掌握 Android 工程的创建步骤。

技能目标

- 能够完成 Android 开发环境的搭建。
- 能够对 Android Studio 软件常用功能进行配置。
- 能够正确创建 Android 工程。

素质目标

- 培养诚实守信、爱岗敬业、精益求精的工匠精神。
- 培养合作能力、交流能力和组织协调能力。
- 培养从事工作岗位的可持续发展能力。
- 培养爱国主义情怀,激发使命担当。

思政点拨

　　Android Studio 是一款免费的开发工具。通过对 Android Studio 软件的下载、安装与配置,引导学生注意软件的侵权盗版行为,增强版权意识,倡导大家使用正版软件、维护知识产权。

　　师生共同思考:自觉遵守网络安全相关法规,遵纪守法。

1.1　准备与计划

Android Studio 提供如下功能:
①基于 Gradle 的构建支持。

②Android 专属的重构和快速修复。
③提示工具以捕获性能、可用性、版本兼容性等问题。
④支持 ProGuard 和应用签名。
⑤基于模板的向导来生成常用的 Android 应用设计和组件。
⑥功能强大的布局编辑器,可以让用户拖拉 UI 控件并进行效果预览。

俗话说:"工欲善其事,必先利其器。"在开发 Android 程序之前,要搭建开发环境。最开始 Android 是使用 Eclipse 作为开发工具的,但是在 2015 年底,谷歌公司声明不再对 Eclipse 提供支持服务,Android Studlio 将全面取代 Eclipse。接下来,将针对如何使用 Android Studio 开发工具搭建 Android 开发环境进行讲解。完成移动端 Android 开发环境搭建,需要准备如下软硬件资源:

- 操作系统 Microsoft Windows 7 64 位(推荐 Windows 10 64 位)。
- 运行内存至少 4GB。
- Java JDK8 或更高版本。
- Android Studio 3.5.2 软件。

针对搭建仓储项目开发环境,完成本任务的计划单包括安装 Android、创建与配置项目工程、配置 Android、Android Studio 界面介绍、项目工程目录介绍,这 5 个工作步骤见表 1.1。

表 1.1　任务计划单

序号	工作步骤	注意事项
1	安装 Android	不要有中文路径
2	创建与配置项目工程	项目名称、项目包名、Minimum API level 要填写正确
3	配置 Android Studio	需要关闭自动更新功能,配置首启动页面为仓储首界面
4	Android Studio 界面介绍	Android 视图和 Project 视图的切换方式
5	项目工程目录介绍	清楚每个工程目录文件的大概作用

1.2　任务实施

1.2.1　安装 Android Studio

1)下载和安装 Java JDK

具体步骤请扫描二维码查看。

安装与配置
Android Studio

2)下载和安装 Android Studio 3.5.2

具体步骤请扫描二维码查看。

AS 中的基本配置　创建与配制项目工程

1.2.2　创建与配置项目工程

如何利用 Android Studio 软件开发 Android 程序呢？第一步，要学会创建一个 Android 工程，下面以智慧仓储项目为例，讲解创建 Android 工程的具体步骤。

具体步骤请扫描二维码查看。

1.2.3　配置 Android Studio

创建完成智慧仓储项目之后，还需要对 Android Studio 软件进行配置。可以通过该软件中的设置面板，对代码字体大小进行修改，同时为了保证后续 Android 工程能够正常打开和软件能够正常运行，需要关闭软件自动更新功能，具体配置方法如下。

1）修改代码字体大小

①单击"File"→"Settings"，如图 1.1 所示。

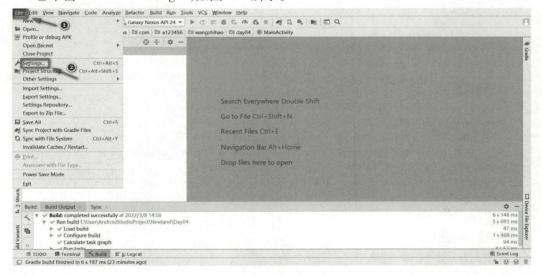

图 1.1　设置功能选项

②进入设置功能界面，单击"Editor"→"Font"，在图 1.2 中标号③处，选择字体大小，最后单击"OK"按钮。

2）关闭自动更新功能

在设置功能界面，单击"Appearance & Behavior"→"System Settings"→"Updates"，在标号④处，取消"Automatically check updates for"勾选，最后单击"OK"按钮，如图 1.3 所示。

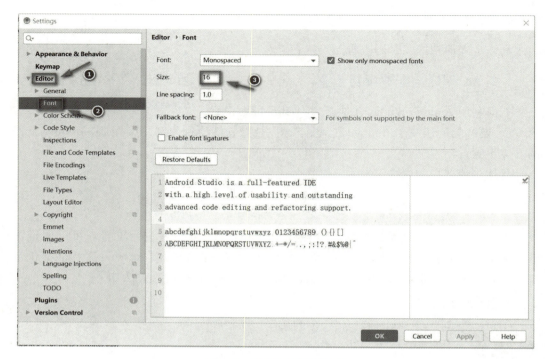

图 1.2　字体大小设置界面

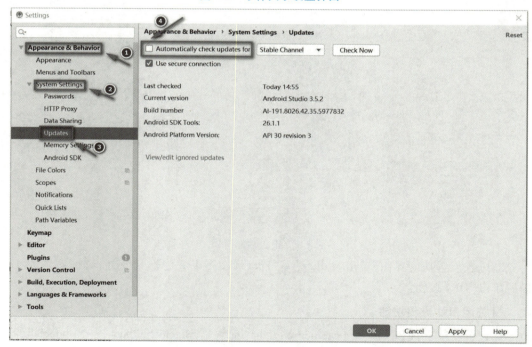

图 1.3　关闭自动更新功能

1.2.4　Android Studio 界面介绍

1) 界面区域介绍

①Project 面板,如图 1.4 标注①所示。用于浏览项目文件,包括 java 程序和界面布局文件,都可以在该面板中查找和打开。

AS 导入项目和面板

②程序运行和调试工具,如图 1.4(标注②)及图 1.5 所示。下面进行每个图标的具体功能介绍。

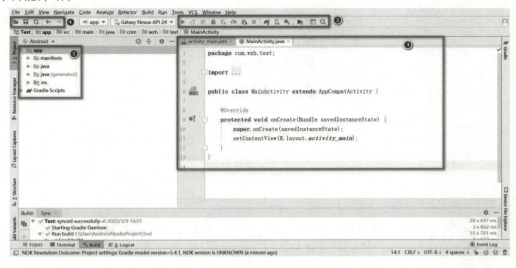

图 1.4　界面区域介绍

图 1.5　程序运行和调试工具

编译当前 Project。

显示当前 Project 的 module 列表。

虚拟机选择栏。

运行当前 Android 程序。

调试当前 Android 程序。

Android 程序性能分析器。

调试当前已经处于运行状态下的 Android 程序。

根据 Gradle 文件同步当前工程。

虚拟机创建和管理功能。

SDK 管理功能。

项目结构管理功能。

③代码编辑区域,如图 1.4(标注③)所示。在该界面区域中,可以对 java 代码和布局文件代码进行编辑。

④文件操作工具,如图 1.4(标注④)所示。在该界面区域中,可以进行打开文件、保存文件,以及回到上一步骤等相关操作,每个图标具体功能如图 1.6 所示。

图 1.6　文件操作工具

①打开文件或工程;②保存所有项目文件;③同步工程中的文件系统;
④回到后一次编辑的地方;⑤回到前一次编辑的地方

2) Project 面板介绍

Project 面板展示了项目中文件的组织方式,默认是以 Android 方式展示,同时支持 Project、Packages、Project Files、Project Source Files、Problems 等项目文件组织方式。经常会使用到的文件组织方式有 Android 和 Project 两种,如图 1.7 所示。

如图 1.8 所示,在该视图下所有文件和目录的作用和说明,在后面章节会详细介绍,这里先对 Project 面板做初步呈现。

图 1.7　Android 方式组织文件视图　　图 1.8　Project 方式组织文件视图

1.2.5 项目工程目录介绍

1) Android 结构类型视图

切换至 Android 视图,如图 1.9 所示。下面对每个目录的作用进行介绍。

①manifests 目录:主要用来存放 AndroidManifest.xml 配置文件,这个配置文件的主要功能是向 Android 声明应用程序的组件,如图 1.9(标注①)所示。

②java 目录:主要用来存放 Android 项目的核心代码,其中 MainActivity 一般为创建一个 Android 工程时默认的主页面,如图 1.9(标注②)所示。

③res 目录:即资源文件目录。这个目录里面存放 Android 项目需要调用到的一些资源文件,比如 drawable(存放一些图形的 XML 文件和图片资源)、layout(存放布局文件)、mipmap(存放 Android 应用程序图标)、values(存放应用程序引用的一些值),如图 1.9(标注③)所示。

Gradle Scripts 目录:即编译脚本目录,主要用来存放 gradle 编译相关的脚本。例如 build.gradle(Project)是整个项目的一些配置,而 build.gradle(Module)是某个 module 对应的配置。

2) Project 结构类型视图

切换至 Project 视图,如图 1.10 所示。下面对每个目录的作用进行介绍。

图 1.9　Android 视图界面

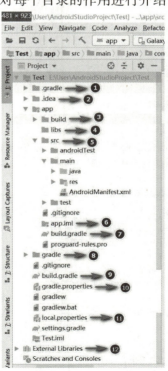

图 1.10　Project 视图界面

①.gradle 目录:Gradle 编译系统,版本由 Wrapper 指定,如图 1.10(标注①)所示。
②.idea:Android Studio IDE 所需要的文件,如图 1.10(标注②)所示。
③app/build:Android 程序编译后产生的相关文件,最后生成的 APK 文件就在这个目录中,如图 1.10(标注③)所示。
④app/libs:存放项目相关的依赖库,比如 *.jar 或 *.so 等外部库,如图 1.10(标注④)所示。
⑤app/src:存放项目源代码,其中 main 目录下主要存放 java 代码、布局文件和图片等资源文件,如图 1.10(标注⑤)所示。
⑥app/app.iml:app 模块的配置文件,如图 1.10(标注⑥)所示。
⑦app/build.gradle:app 模块的 gradle 相关配置,如图 1.10(标注⑦)所示。
⑧gradle:Wrapper 的 JAR 文件和配置文件所在的位置,如图 1.10(标注⑧)所示。
⑨build.gradle:项目的配置文件,如图 1.10(标注⑨)所示。
⑩gradle.properties:gradle 相关的全局属性设置,如图 1.10(标注⑩)所示。
⑪local.properties:配置 SDK/NDK,如图 1.10(标注⑪)所示。
⑫External Libraries:项目依赖的 Lib,编译时会自动下载,如图 1.10(标注⑫)所示。

1.3 任务检查

在完成搭建仓储项目开发环境后,需要结合 checklist 对配置进行走查(表 1.2),达到如下目的:
①确保在项目初期就能发现代码中的 BUG 并加以解决。
②发现的问题可以与项目组成员共享,以免出现类似错误。

表 1.2　智能仓储主界面 checklist

序号	检查项目	检查标准	学生自查	教师检查
1	Android Studio 软件是否正常启动	打开软件,没有报错提示等信息		
2	关闭 Android Studio 软件自动更新功能	检查此选项是否关闭		
3	创建 SmartStorage 工程	项目名:SmartStorage 包名:com.example.smartstorage API 版本:4.4		
4	配置仓储首界面 Activity	检查仓储首界面是否为 WareFirstActivity 类		

续表

序号	检查项目	检查标准	学生自查	教师检查
5	修改 Android 项目启动首界面	检查 AndroidManifest.xml 中启动 Activity 是否为.WareFirstActivity		
6	在虚拟机中运行仓储 Android 程序	虚拟机中能正常运行智能仓储 App		

1.4 评价反馈

学生汇报	教师讲评	自我反思与总结
1. 成果展示 2. 功能介绍		

1.5 任务拓展

张三同学,学号为 2123227003,要创建一个新的 Android 项目,创建项目要求如下。

①项目名称:姓名全拼+学号后 3 位,比如 zhangsan003。

②包名:com.学号后 3 位.姓名全拼,比如 com.003.zhangsan。

③创建 Activity。Activity Name:姓名全拼,比如 zhangsan;Layout Name:activity_姓名全拼,比如 activity_zhangsan,并将该类配置为 Android 项目首启动项。

④Android 软件名称:以自己的姓名命名,比如张三。

任务 2
创建系统导航主界面

任务2 创建系统导航主界面

任务描述

在"任务1"中已经搭建完成智能仓储软件开发环境,并能够成功运行在模拟器上,接下来要完成系统导航主界面。主界面分为左右区域,左边区域显示采集的环境监控信息,主要包括温度、湿度、火焰和烟雾环境数据;右边区域是仓储业务管理导航功能,通过首页可以跳转到"库位详情""入库""出库"和"直接出库"界面。运行效果如图2.1所示。

图2.1 系统导航主界面

知识目标

- 了解 XML 布局文件。
- 了解线性布局、相对布局的特点和用法。
- 掌握 TextView 控件、ImageView 控件。
- 掌握自定义组件 shape 样式。

技能目标

- 能够创建和编辑布局,使用相对布局和线性布局实现用户界面需求设计。
- 能够通过 shape 自定义控件。

素质目标

- 培养诚实守信、爱岗敬业、精益求精的工匠精神。
- 培养合作能力、交流能力和组织协调能力。
- 培养良好的编程习惯。
- 培养从事工作岗位的可持续发展能力。
- 培养爱国主义情怀,激发使命担当。

思政点拨

从界面开发到界面优化是一个不断完善的过程,会随着用户的需求而改变,持续改进才能开发出用户满意的产品。引导学生关注需求,优化供给,形成"供给侧改革"思维以及服务意识。

师生共同思考:如何形成良好的"供给侧改革"的思维?

2.1 准备与计划

物联网移动开发包括界面设计和功能开发,两者都十分重要。用户产品界面设计的优劣,关乎用户体验,是用户是否使用相关应用软件的重要因素,根据项目需求,本任务首先进行产品的系统主界面设计。

根据界面要求,从上到下、从左到右依次完成界面设计。按界面的区域进行分解,首先选择好界面布局,然后分别实现环境监控和仓储业务管理布局区域的界面设计。完成本任务的计划单包括创建主界面布局、添加环境监控、添加仓储管理布局和优化环境监控布局,见表2.1。把任务分解到易于管理的若干子任务,能够更加明确任务的内部逻辑关系,防止软件功能的遗漏。

表 2.1 任务计划单

序号	工作步骤	注意事项
1	创建线性布局	根据用户需求,灵活选择布局方式
2	添加环境监控布局	线性布局和相对布局嵌套使用以及主要属性设置
3	添加仓储管理布局	资源包导入、TextView 和 ImageView 控件使用
4	优化环境监控布局	shape 形状的灵活应用

Android 界面是由布局和控件协同完成,布局好比是建筑中的框架,而控件则相当于建筑里的砖瓦。控件按照布局的要求依次排列,就组成了用户所看见的界面。因此,在学习本任务之前需要对布局(线性布局、相对布局)和控件(TextView、ImageView)的属性和方法有初步了解。

2.2 任务实施

结合界面风格,布局文件的总体设计如图2.2所示。

任务2 创建系统导航主界面

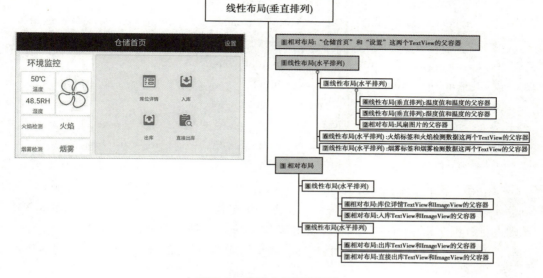

图2.2 布局文件总体设计

2.2.1 创建线性布局

打开 app/src/main/res/layout 文件夹中的布局文件 activity_wfirst.xml,看到如图2.3所示的布局编辑器。在窗口左下方有两个标签切换按钮,左边是"Design"切换按钮,右边是"Text"切换按钮。单击"Design"按钮进入设计模式,在该模式下不仅可以浏览当前的布局,还可以通过拖放控件和修改右边属性窗口输入属性值编辑布局;单击"Text"按钮进入代码编辑模式,在该模式下通过编辑 XML 文件的方式来定义布局。

创建线性布局

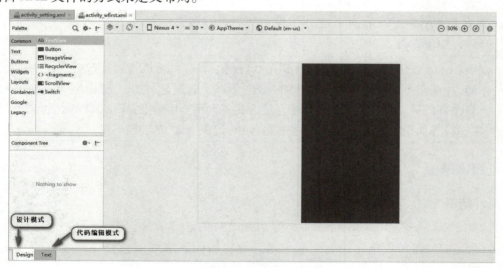

图2.3 布局编辑器

切换到 Text 模式,根据主界面的特点,采用线性布局完成界面设计,具体代码如下。

· 27 ·

```
1    <?xml version="1.0" encoding="utf-8"?>
2    <LinearLayout xmlns:android="http://schemas.android.com/apk/res/android"
3        xmlns:app="http://schemas.android.com/apk/res-auto"
4        xmlns:tools="http://schemas.android.com/tools"
5        android:layout_width="match_parent"
6        android:layout_height="match_parent"
7        android:orientation="vertical"
8        tools:context="com.example.smartstorage.activity.activity_ware_first">
9    </LinearLayout>
```

（1）第 1 行代码是 XML 序言，每个 XML 文档都由 XML 序言开始。其中<?xml version="1.0"?>这一行代码会告诉解析器和浏览器，这个文件是按照 1.0 版本的 XML 规则进行解析。encoding="utf-8"表示该 XML 文件采用 UTF-8 的编码格式。

（2）第 2 行代码表示 xml 的命名空间，避免 XML 解析器对 xml 解析时的发送名字冲突，这就是使用 xmlns 的必要性。

（3）第 5—6 行通过 layout_width 和 layout_height 属性设置布局的宽度和高度。这两个属性的值可以在"match_parent"和"wrap_content"之间选择一个。"match_parent"表示让当前布局的大小和父布局的大小一样，这里设置为"match_parent"表示让该线性布局和屏幕的高度和宽度相同。而"wrap_content"这种方式代表此布局的宽高值将会按照包裹自身内容的方式来确定。当然，除了使用上述值也可以指定具体的宽高度，此时布局的大小在一般情况下就是这两种属性指定的尺寸，这样做有时会在不同手机屏幕的适配方面存在问题。

（4）第 7 行中 android:orientation 这个属性的值可以在"vertical"和"horizontal"中选择一个。如果指定的是"vertical"，就会在垂直方向上排列，按照这种方向，每行只允许有一个子元素。如果指定的是"horizontal"，就会在水平方向上排列，按照这种方向，每列只允许有一个子元素。

> 小提示：Android Studio 虽然提供了相应的可视化编辑器，可以通过拖放控件的方式编写布局，并能在视图上直接修改控件的属性，但是，通过这种方式制作出的界面通常不具有很好的屏幕适配性，当编写较为复杂的界面时，可视化编辑工具难以胜任。因此，在进行界面设计时更多的是通过编写 XML 代码来定义布局。

知识链接

1）初识 XML

XML（Extensible Markup Language）是由万维网联盟（W3C）创建的标记语言，是一种可扩展标记语言。标记指计算机所能理解的信息符号，通过此种标记，计算机之间可以处理包含各种信息的文章等。XML 被设计为具有自我描述性、能够让用户自己创造标识的语言，它的格式与

Android XML
常用标签属性

HTML文档非常相似,但使用自定义标记来定义对象和每个对象中的数据。XML的设计宗旨是传输数据,而非显示数据。XML是各种应用程序之间进行数据传输的最常用的工具之一,并且在信息存储和描述领域越来越流行。

(1)格式良好的XML具备的特点如下。

①必须有根元素。XML文档中的元素形成了一棵文档树,这棵树从根部开始扩展到树的最底端。

②XML中必须有关闭标签。

③XML标记对大小写敏感,必须使用相同的大小写来编写开始标签和关闭标签。

④XML元素必须被正确地嵌套。

⑤XML属性必须加双引号或单引号,但不可以既用单引号又用双引号,并且必须属性与属性值同时存在。

(2)XML的用途。

①存储数据:这是XML最基本的用途之一,用于持久化存储数据。

②分离数据:XML可以将数据和XML的展现相分离,帮助用户提高组织数据的效率。

③数据交换:XML使用同一规范,可以做到不同系统间的数据传输的兼容。

④共享数据:XML是用纯文本存储数据的,也就是可以提供一种与软件和硬件无关的共享数据方法。

2)认识布局

布局是控件的容器,为了解决应用程序在不同手机中的显示问题,需要把界面中的控件按照某种规律排放在指定的位置。如图2.4所示,在布局里面既可以添加多个布局,也可以添加多个控件,而控件里面不能再添加布局或控件。较为复杂的界面都是通过布局的嵌套来实现。

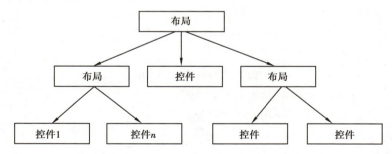

图2.4 布局与控件的关系

布局常用属性见表2.2。

表2.2 布局常用属性

属性	描述
android:id	为布局指定相应的ID
android:width	指定布局的宽度

续表

属性	描述
android:height	指定布局的高度
android:layout_margin	指定布局的外边距,布局边缘相对父容器的边距
android:padding	指定布局的内边距,也就是布局与布局的元素的距离
android:gravity	指定布局中下一级视图的基本位置,比如说居中、居右等位置
android:layout_gravity	说明元素显示在父元素的位置
android:background	指定该布局所使用的背景色,RGB 命名法

2.2.2 添加环境监控布局

Android 中的线性布局就是所有的控件根据事先定义好的方向依次排列,控件之间不会覆盖。在创建好垂直线性布局后,接下来就是进行环境监控布局的设计。打开 activity_wfirst.xml 布局文件,在创建的线性布局下嵌套一个相对布局(图 2.2 所示的相对布局 1),然后在这个相对布局中增加一个 TextView 文本框控件,首先来显示"仓储首页"文字,新增代码如下面加粗部分所示。

```
1   <? xml version = "1.0" encoding = "utf-8" ? >
2   <LinearLayout xmlns:android = "http://schemas.android.com/apk/res/android"
3       xmlns:app = "http://schemas.android.com/apk/res-auto"
4       xmlns:tools = "http://schemas.android.com/tools"
5       android:layout_width = "match_parent"
6       android:layout_height = "match_parent"
7       android:orientation = "vertical"
8       tools:context = ".activity.WareFirstActivity" >
9       <RelativeLayout
10          android:layout_width = "match_parent"
11          android:layout_height = "56dp"
12          android:background = "#25354E">
13          <TextView
14              android:layout_width = "wrap_content"
15              android:layout_height = "wrap_content"
16              android:text = "仓储首页"
17              android:layout_centerInParent = "true">
18          </TextView>
19      </RelativeLayout>
20  </LinearLayout>
```

（1）第9—19行代码声明了一个相对布局，使用控制TextView文本控件的位置。

（2）第10—11行代码指定了相对布局的高度和宽度。使用"android:layout_height"属性设置高度，采用具体数值，单位为"dp"。"dp"是Android中的计量单位，主要是用来标注控件的宽、高。使用"dp"单位，使得设置的宽度和高度能够根据不同屏幕（分辨率/尺寸也就是dpi）获得不同的像素（px）数量，这样，字体不会随着系统的字体大小发生改变。

（3）第12行代码通过"android:background"设置布局的背景颜色。

（4）第13—18行代码是在布局中增加TextView文本控件，其中第18行是TextView的结束标签，结束标签必须存在。

（5）第14—15行代码，在TextView控件中使用"layout_width"和"layout_height"指定控件的宽度和高度。这里设置"wrap_content"表示文本内容的大小，决定文本控件的宽度和高度。

（6）第16行代码指定了TextView控件中显示的文本内容。

（7）第17行代码"android:layout_centerInParent = 'true'"指定文本控件在父容器水平和垂直方向的中心位置。在默认情况下，下级视图显示在相对布局内部的左上角，这里通过这个属性可以将该文本控件居中。

运行程序，执行效果如图2.5所示，界面出现"仓储首页"文字并居中显示。

图2.5 仓储首页文字居中

此外，还可以对文字的大小、背景和颜色进行调整，代码如加粗部分所示。

```
1    <TextView
2        android:layout_width = "wrap_content"
3        android:layout_height = "wrap_content"
4        android:background = "#25354E"
5        android:text = "仓储首页"
6        android:layout_centerInParent = "true"
7        android:textColor = "#DCE8FE"
8        android:textSize = "24sp">
9    </TextView>
```

（1）第4行代码通过"android:background"设置控件的背景颜色，表示填充整个控件的颜色。

(2) 第 7 行代码通过"android:textColor"属性设置文字颜色。

(3) 第 8 行代码通过"android:textSize"设置显示文字的大小,"sp"作为字体大小单位,会随着系统的字体大小而改变,所以建议在字体大小的数值上使用"sp"作为单位。运行程序,执行效果如图 2.6 所示。

图 2.6 显示仓储首页调整文字大小

下面实现"设置"文字的显示,在显示"仓储首页"的文本控件的结束标签下一行再增加一个 TextView 文本控件,增加代码如下所示。

```
1    <TextView
2        android:id = "@ +id/tv_setting"
3        android:layout_width = "80dp"
4        android:layout_height = "match_parent"
5        android:gravity = "center"
6        android:layout_alignParentRight = "true"
7        android:textColor = "#DCE8FE"
8        android:text = "设置"
9        android:textSize = "18sp"  />
```

(1) 第 2 行代码定义文本视图的 id 为"tv_setting"。通过"android:id"属性为控件指定一个标识名,标识名要唯一。利用 id 属性,可以控制控件在布局中的位置,还可以通过 Java 代码来获取并操作控件。

(2) 第 5 行代码设置"android:gravity = 'center'",表示文字在文本控件中水平方向和垂直方向都居中,gravity 属性可以选择的值有:top,bottom,left,right,center 等,并且这些属性是可以多选的,多个值之间使用"|"作为分割符,例如 android:gravity = "center | right"表示右部居中。

(3) 第 6 行代码设置"android:layout_alignParentRight = 'true'",指定该文本控件和父容器(归属的布局,即相对布局)右对齐。

运行程序,执行效果如图 2.7 所示。

图2.7　仓储首页增加设置 TextView

下面实现左边区域"环境监控"信息显示。根据界面设计需求,在上一步的相对布局结束标签下一行增加一个水平排列的线性布局,将屏幕分为左右两个区域,左边区域用于显示采集的环境监控信息,右边区域是仓储业务管理导航功能。左边区域的线性布局代码如下所示。

```
1   <LinearLayout
2       android:layout_width="match_parent"
3       android:layout_height="match_parent"
4       android:padding="10dp"
5       android:orientation="horizontal">
6       <LinearLayout
7           android:layout_width="0dp"
8           android:layout_height="350dp"
9           android:orientation="vertical"
10          android:padding="2dp"
11          android:background="#fff"
12          android:layout_weight="1">
13          <TextView
14              android:layout_width="match_parent"
15              android:layout_height="50dp"
16              android:textSize="25sp"
17              android:gravity="center_vertical"
18              android:layout_marginLeft="20dp"
19              android:text="环境监控"/>
20      </LinearLayout>
21  </LinearLayout>
```

(1)第5行代码指定了按照水平方向组织视图,使用水平线性布局将屏幕分为左右两个区域,左边区域显示环境监控信息,右边区域显示仓储管理信息。

(2)第6—20行代码嵌套了一个垂直的线性布局,其中第10行指定该子线性布局与"环境监控"文本控件之间的距离,即内边距为2dp。

(3)第 12 行"android:layout_weight"这个属性只有在线性布局中才有效,它是用来指定剩余空闲空间的分割比例,而非按比例分配整个空间。"layout_weight"默认就是"0",表示权重不起作用,控件依赖具体"layout_width"或者"layout_height"起作用。如果我们需要用水平百分比分割屏幕就要把"layout_width"设成"0dp",而需要用垂直百分比分割屏幕就把"layout_height"设成"0dp"。

(4)第 13—19 行代码在子线性布局中增加一个 TextView 文本控件,设置控件的高度、宽度、背景颜色以及显示"环境监控"文字。

运行程序,执行效果如图 2.8 所示。

图 2.8　环境监控布局

环境监控左边区域的线性布局嵌套 3 个线性布局,如图 2.9 所示,显示"环境监控"的文字信息已经实现。下面实现后面 3 个线性布局,这 3 个线性布局是同级关系,我们按照顺序依次实现 3 个线性布局。首先,完成显示温湿度的线性布局的代码编写。在上一步的环境监控 TextView 结束标签下一行增加一个水平排列的线性布局(如图 2.2 所示的线性布局 3),在这个线性布局中又嵌套了两个线性布局(如图 2.2 所示线性布局 4 和 5)和一个相对布局(如图 2.2 所示相对布局 2)。其中,左半部分区域用于显示云平台获取的温湿度数据,右半部分区域用于显示风扇图片。在编写代码前先将资源包"/03_图像资源"文件夹下的"fan.png"复制到"app/src/main/res/drawable"目录中,然后在"activtiyt_ware_first.xml"布局文件编写代码,新增代码如下列加粗部分所示。

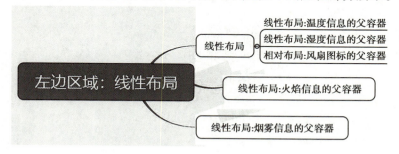

图 2.9　左边区域布局设计

```
1    <LinearLayout
2    …
3    android:orientation = "horizontal">
4    <LinearLayout
```

```
5      …
6          android:layout_weight="1">
7            <TextView
8               …
9               android:text="环境监控"/>
10           <LinearLayout
11              android:layout_width="match_parent"
12              android:layout_height="0dp"
13              android:orientation="horizontal"
14              android:background="#fff"
15              android:layout_weight="2">
16              <LinearLayout
17                 android:layout_width="0dp"
18                 android:layout_weight="1"
19                 android:orientation="vertical"
20                 android:layout_height="match_parent">
21                 <LinearLayout
22                    android:layout_width="match_parent"
23                    android:layout_height="0dp"
24                    android:layout_margin="1dp"
25                    android:orientation="vertical"
26                    android:layout_weight="1">
27                    <TextView
28                       android:id="@+id/tv_wf_temp"
29                       android:layout_width="match_parent"
30                       android:layout_height="0dp"
31                       android:layout_weight="2"
32                       android:gravity="center"
33                       android:text="50℃"
34                       android:textSize="22sp"></TextView>
35                    <TextView
36                       android:layout_width="match_parent"
37                       android:layout_weight="1"
38                       android:gravity="center"
39                       android:textSize="16sp"
40                       android:layout_height="0dp"
41                       android:text="温度"></TextView>
```

```
42            </LinearLayout>
43            <LinearLayout
44                android:layout_width="match_parent"
45                android:layout_height="0dp"
46                android:orientation="vertical"
47                android:layout_margin="1dp"
48                android:layout_weight="1">
49                <TextView
50                    android:id="@+id/tv_wf_hum"
51                    android:layout_width="match_parent"
52                    android:layout_height="0dp"
53                    android:layout_weight="2"
54                    android:gravity="center"
55                    android:text="48.5RH"
56                    android:textSize="22sp"></TextView>
57                <TextView
58                    android:layout_width="match_parent"
59                    android:layout_weight="1"
60                    android:gravity="center"
61                    android:textSize="16sp"
62                    android:layout_height="0dp"
63                    android:text="湿度"></TextView>
64            </LinearLayout>
65         </LinearLayout>
66         <RelativeLayout
67            android:layout_width="0dp"
68            android:layout_weight="1"
69            android:layout_height="wrap_content">
70            <ImageView
71                android:id="@+id/iv_fan"
72                android:layout_width="match_parent"
73                android:layout_height="wrap_content"
74                android:src="@drawable/fan"/>
75         </RelativeLayout>
76      </LinearLayout>
77
78    </LinearLayout>
79 </LinearLayout>
```

（1）第 16—65 行代码指定了一个线性布局。该布局中嵌套了两个线性布局，这两个线性布局分别是显示环境信息(温湿度值、温湿度标签)的父布局。

（2）第 66—75 行代码指定了一个相对布局，该布局中包含一个 ImageView 图片控件，用于放置风扇图片。

（3）第 18 行和第 68 行代码设置权重为"1"，表明第 16 行的线性布局和第 66 行的相对布局各占父容器的一半。

（4）第 21—42 行代码指定了一个内嵌的垂直排列线性布局，该布局中包含两个 TextView 控件，分别用于显示温度值和温度标签。

（5）第 31 行和 37 行代码通过设置权重，指明显示温度值的 TextView 控件占比为 2/3，显示温度标签的 TextView 控件占比为 1/3。

（6）第 43—63 行代码指定了另外一个内嵌的垂直排列线性布局，该布局中同样包含两个 TextView 控件，分别用于显示湿度值和湿度标签。

（7）第 26 行和第 48 行代码"android:layout_weight = '1'"，表明上述内嵌的两个垂直排列的线性布局各占父容器的一半。

（8）第 74 行代码通过"android:src"属性为"ImageView"控件指定一张图片，图片名称为"fan"，引用方式为"@drawable/，不含扩展名的文件名称"即"android:src = '@drawable/fan'"。这里输入的名字一定要和"res/drawable"的图片名字保持一致。

运行程序，执行效果如图 2.10 所示。

图 2.10　环境监控—温湿度参数获取

接下来实现左边区域另外两个线性布局，即显示火焰和烟雾的线性布局。在上一步的水平线性布局(如图 2.2 所示的线性布局 3)结束标签下一行增加两个水平排列的线性布局(代码增加在上一步所添加代码的 77 行所在位置)，在第一个水平排列的线性布局(如图 2.2 所示线性布局 6)中放置两个"TextView"文本控件，用于显示火焰标签和火焰检测数据；在第二个水平排列的线性布局(如图 2.2 所示线性布局 7)中同样放置两个"TextView"文本控件，用于显示烟雾标签和烟雾检测数据。代码如下。

```
1    <LinearLayout
2        android:layout_width = "match_parent"
3        android:layout_height = "0dp"
4
5        android:layout_margin = "1dp"
6        android:orientation = "horizontal"
7        android:layout_weight = "1" >
```

```
8       <TextView
9           android:layout_width="0dp"
10          android:layout_weight="1"
11          android:gravity="center"
12          android:textSize="16sp"
13          android:layout_height="match_parent"
14          android:text="火焰检测"></TextView>
15
16      <TextView
17          android:id="@+id/tv_wf_fire"
18          android:layout_width="0dp"
19          android:layout_height="wrap_content"
20          android:layout_weight="2"
21          android:gravity="center|center_horizontal"
22          android:text="火焰"
23          android:textSize="22sp"></TextView>
24
25   </LinearLayout>
26   <LinearLayout
27     android:layout_width="match_parent"
28     android:layout_height="0dp"
29
30     android:layout_margin="1dp"
31     android:orientation="horizontal"
32     android:layout_weight="1">
33      <TextView
34          android:layout_width="0dp"
35          android:layout_weight="1"
36          android:gravity="center"
37          android:textSize="16sp"
38          android:layout_height="match_parent"
39          android:text="烟雾检测"></TextView>
40
41      <TextView
42          android:id="@+id/tv_wf_smoke"
43          android:layout_width="0dp"
44          android:layout_height="wrap_content"
```

45	android:layout_weight = "2"
46	android:gravity = "center"
47	android:text = "烟雾"
48	android:textSize = "22sp"></TextView>
49	</LinearLayout>

（1）第1—25行代码指定了一个水平排列的线性布局,在该布局中放置了两个"Textview"控件。

（2）第10行和20行代码指定了两个"TextView"控件的权重为1∶2,即"烟雾检测"文本控件占屏幕的1/3,火焰值文本控件占2/3。

（3）第11行代码设置"android:gravity='center'",表示"火焰检测"文字在文本控件中水平方向和垂直方向都居中。

（4）第26—49行代码与上面的代码功能类似,这里不再重复解释。

运行程序,执行效果图2.11所示。

图2.11　环境监控—火焰、烟雾监控

至此,左边区域的布局完成。传感器的数据和执行器的控制需要在Java代码中实现,后续内容中将会详细地讲解功能代码。

知识链接

1) 安卓布局

在Android中,共有5种布局方式,分别是LinearLayout(线性布局),FrameLayout(单帧布局),AbsoluteLayout(绝对布局),RelativeLayout(相对布局),TableLayout(表格布局)。在手机开发程序设计中使用相对较多的是线性布局和相对布局,这里重点介绍这两种布局的基本概念。

（1）LinearLayout:线性布局,是一种常用的布局,具有垂直方向与水平方向两种布局方式。通过设置属性"android:orientation"控制方向,属性值垂直(vertical)和水平(horizontal),默认水平方向。如图2.12所示。

线性布局两种对齐方式实操

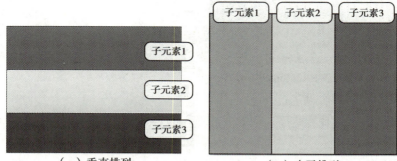

图 2.12 线性布局示意图

①线性布局的特点:在水平或者垂直方向上依次按照顺序来排列子元素,控件的排列顺序遵循其在布局文件中被写出的先后顺序。

②适用于控件呈线性排列的场景,此线性可以是横向的线性或纵向的线性。

Android 相对布局

(2) RelativeLayout:相对布局,这是实际布局中最常用的布局方式之一,通过相对定位的方式把控件放置在布局的任何位置,如某个控件位于另外一个控件的左边、右边、上边、下边。它可以大大减少布局的结构层次,从而达到优化布局的效果,如图 2.13 所示。

相对布局-兄弟关系

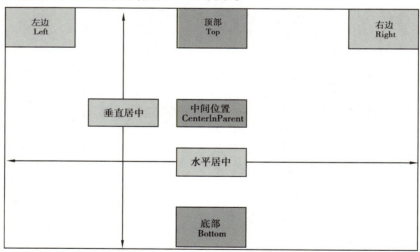

图 2.13 相对布局示意图

相对布局的特点:

①一种非常灵活的布局方式,能通过指定界面元素与其他元素的相对位置关系,确定界面中所有元素的布局位置。

②相对布局能最大限度地保证在各种屏幕类型的手机上正确显示界面布局。

③相对布局通常有两种形式,一种是相对于容器而言的,另一种是相对于控件而言的。

相对布局的具体特性如图 2.14 所示。

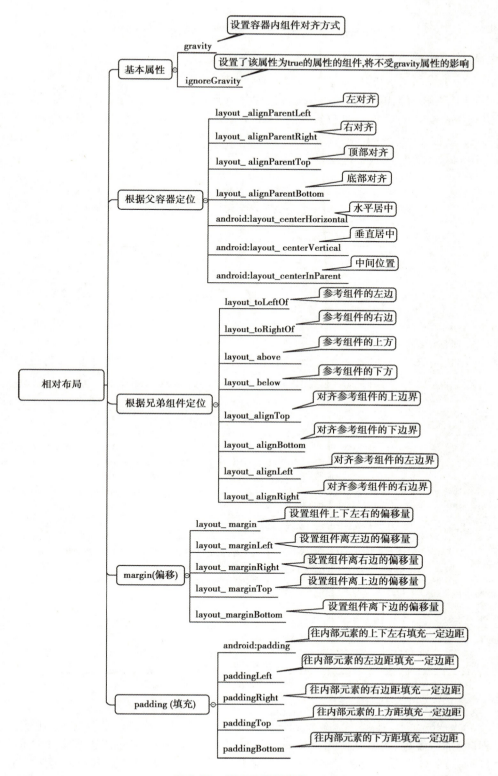

图 2.14 相对布局的特性

> 小提示:相对布局的子元素位置关系一般需要加 id 属性才能控制。

2)安卓控件

控件是界面组成的主要元素。在 Android 的 SDK 中定义了一个 View 类,它是所有 Android 控件和容器的父类。而可视化控件是重新实现了 View 的绘制和事件处理方法并最终与用户交互的对象。如任务中的 TextView,ImageView 都是控件。ViewGroup 是一种能够承载含多个 View 的显示单元,其功能是承载界面布局,如 LinearLayout,RelativeLayout 等。用户组件继承关系如图 2.15 所示。

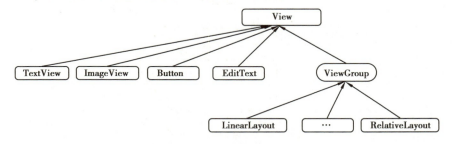

图 2.15 用户组件继承关系

(1)TextView 控件

TextView 控件用于显示文本。TextView 本质就是一个完整的文本编辑器,只是因为其父类设置为不可编辑,所以通常用于显示文本信息,其常用属性和方法见表 2.3。

表 2.3 TextView 常用属性/方法说明

属性/方法	说明
id	为 TextView 唯一标识。如果使用@ +id/id 形式,当 R. java 中存在名为 id 变量时,则该组件会使用该变量的值作为标识。如果不存在该变量,则添加一个新的变量,并为该变量赋相应的值
layout_width	设置控件的宽度,必须设置
layout_height	设置控件的高度,必须设置
text	设置 TextView 显示的文字,该属性可以直接赋值,如 android:text = "库位详情";也可以使用资源文件来进行设置
textColor	设置字体的颜色
textSize	设置字体的大小
getText	获取 TextView 中文本内容的方法
setText	设置 TextView 中文本内容的方法

(2)ImageView 控件

ImageView 控件主要用于显示图片。ImageView 类可以从各种来源(如资源或内容提供程序)加载图像,负责从图像中计算其度量,以便可以在任何布局管理器中使用,并提供各种显示选项,如缩放和着色。它可以使程序界面变得更加丰富多彩。表 2.4 显示了 ImageView 支持的 XML 属性。

表2.4 ImageView 常用属性及说明

XML 属性	说明
src	设置 ImageView 所展示的 Drawable 对象的 ID，对应 ImageView 的展示图片
android:adjustViewBounds	设置 ImageView 是否调整自己的边界来保持所显示图片的长宽比
android:maxHeight	设置 ImageView 的最大高度
android:maxWidth	设置 ImageView 的最大宽度
android:scaleType	设置所显示的图片如何缩放或移动以适应 ImageView 的大小，有如下属性值可以选择： · matrix：使用 matrix 方式进行缩放 · fitXY：横向、纵向独立缩放，以适应该 ImageView · fitStart：保持纵横比缩放图片，并且将图片放在 ImageView 的左上角 · fitCenter：保持纵横比缩放图片，缩放完成后将图片放在 ImageView 的中央 · fitEnd：保持纵横比缩放图片，缩放完成后将图片放在 ImageView 的右下角 · center：把图片放在 ImageView 的中央，但是不进行任何缩放 · centerCrop：保持纵横比缩放图片，以使图片能完全覆盖 ImageView · centerInside：保持纵横比缩放图片，以使 ImageView 完全显示该图片
android:background	background 通常指的是背景，使用 background 填入图片，则会根据 ImageView 给定的宽度来进行拉伸

3）gravity 和 layout_gravity 属性

两者都是设置对齐方式的属性。不同之处在于 gravity 属性是设置自身内部元素的对齐方式，而 layout_gravity 是设置自身相对于父容器的对齐方式。比如一个 TextView 控件，gravity 属性是设置内部文字的对齐方式，layout_gravity 属性则表示这个 TextView 相对于父容器的对齐方式。如果布局的话，设置 gravity 属性则为设置它的内部布局或者控件的对齐方式。其具体区别见表2.5。

表2.5 gravity 与 layout_gravity 的区别

gravity	layout_gravity
android:gravity 是对元素本身说的，元素本身的内部元素显示在什么地方靠这个属性设置。如果不设置默认是在左侧的	android:layout_gravity 是相对于它的父元素来说的，说明元素显示在父元素的什么位置

两个属性的属性值相同，这两个属性可以选择的值为 top、bottom、left、right、center_vertical、fill_vertical、center_horizontal、fill_horizontal、center、fill、clip_vertical，而且这些属性是可以多选的，用"|"分开。默认这个值是左对齐。

4) padding 与 margin 属性的区别

padding 与 margin 属性的区别如图 2.16 所示。

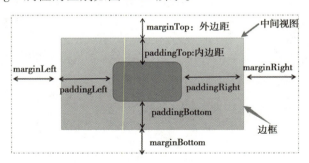

图 2.16　padding 与 margin 属性的区别

margin 是指从自身边框到另一个容器边框之间的距离,就是容器外边距。padding 是指自身边框到自身内部另一个容器边框之间的距离,就是容器内边距。

2.2.3　添加仓储管理布局

按照界面要求添加右边区域仓储管理布局,用于显示"库位详情""入库""出库"和"直接出库"信息。首先将资源包/03_图像资源文件夹下的"locationinfo.png"和"locationin.png"复制到"app/src/main/res/drawable"目录中。然后在"activity_wfirst.xml"布局文件中增加一个相对布局(图 2.2 所示的相对布局 3),该布局与环境监控区域最外层线性布局处于同一级。在相对布局中再嵌套一个线性布局(图 2.2 所示的线性布局 8),然后在这个线性布局中放置两个相对布局(图 2.2 所示的相对布局 4 和 5),在每一个子相对布局中增加 TextView 和 ImageView 控件并设置相关属性。其中,TextView 用于显示文字信息,ImageView 用于显示图片信息。具体代码如下。

```
1    <RelativeLayout
2        android:layout_width="0dp"
3        android:layout_height="match_parent"
4        android:orientation="vertical"
5
6        android:layout_marginLeft="10dp"
7        android:layout_weight="2">
8
9        <LinearLayout
10           android:layout_marginTop="50dp"
11           android:layout_width="match_parent"
12           android:layout_height="wrap_content"
13           android:gravity="center"
14           android:orientation="horizontal">
```

```
15      <RelativeLayout
16          android:layout_width="wrap_content"
17          android:gravity="center_horizontal"
18          android:id="@+id/rlout_info"
19          android:layout_gravity="center_horizontal"
20          android:layout_height="wrap_content">
21
22          <ImageView
23              android:id="@+id/img_linfo"
24              android:layout_width="60dp"
25              android:layout_height="60dp"
26              android:src="@drawable/locationinfo" />
27          <TextView
28              android:text="库位详情"
29              android:gravity="center"
30              android:layout_marginTop="15dp"
31              android:layout_below="@+id/img_linfo"
32              android:layout_width="60dp"
33              android:layout_height="wrap_content"/>
34      </RelativeLayout>
35      <RelativeLayout
36          android:layout_width="wrap_content"
37          android:gravity="center_horizontal"
38          android:layout_marginLeft="50dp"
39          android:id="@+id/rlout_lin"
40          android:layout_gravity="center_horizontal"
41          android:layout_height="wrap_content">
42          <ImageView
43              android:id="@+id/img_lin"
44              android:layout_width="60dp"
45              android:layout_height="60dp"
46              android:src="@drawable/locationin"/>
47          <TextView
48              android:text="入库"
49              android:gravity="center"
50              android:layout_marginTop="15dp"
51              android:layout_below="@+id/img_lin"
52              android:layout_width="60dp"
```

53	android:layout_height="wrap_content"/>
54	</RelativeLayout>
55	
56	</LinearLayout>
57	</RelativeLayout>

(1)第1行代码定义了一个相对布局,第6行设置"android:layout_marginLeft='10dp'",指定该相对布局距左边部分区域最外层线性布局距离为10dp。

(2)第7行代码设置"android:layout_weight='2'",指明该左边区域和右边区域为1∶2。

(3)第9—14行代码嵌套一个线性布局,第10行设置"android:layout_marginTop='50dp'",表明距上部最近视图(最外层的相对布局)的距离为50dp,第13行用于控制最内层相对布局居中对齐,第14行设置布局方向为水平排列。

(4)第15—34行代码,在上述嵌套的线性布局中又增加一个相对布局,放置TextView控件和ImageView控件。

(5)第23行代码设置ImageView控件的Id为img_linfo。

(6)第24—25行代码设置图片的高度和宽度,均设置为60dp。

(7)第26行代码通过"android:src"属性为ImageView指定了一张图片,图片名称为"locationinfo",即从资源包复制到"res/drawable"的图片。这里输入的名字一定要和"res/drawable"的图片名字保持一致。

(8)第27—33行代码增加一个TextView控件,通过"android:text"设置显示的内容为"库位详情",然后通过设置"android:layout_below='@+id/img_linfo'"指明该TextView位于"Id"为"img_linfo"图片控件的下方,实现文字显示在图片下方。

(9)第30行代码表示该TextView上部与ImageView控件的距离,设置值为"15dp",即距离ImageView控件距离为15dp。

(10)第35—54行代码的代码和上面的代码类似,这里就不再解释。

运行程序,执行效果如图2.17所示。

图2.17　仓储管理布局

为了美化界面,我们可以使用shape自定义一些形状的样式,shape文件实际上还是xml,其根元素是shape,通过设置不同元素的属性可以实现自定义形状。在res/drawable文件夹处右键单击,选择"new",再选择"Drawable resource file",在弹出的对话框中输入文件名为"func_shape",根元素选择"shape",单击"OK"按钮就建立好 func_shape.xml 文件,如图 2.18 所示。

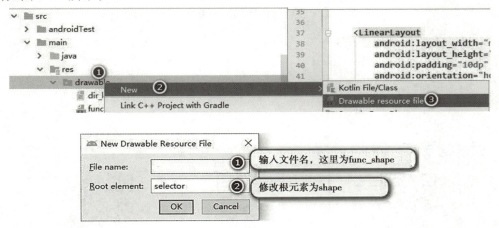

图 2.18 创建 shape.xml 文件

打开 func_shape.xml 文件并编辑该文件,新增代码如加粗部分所示。

```
1   <?xml version="1.0" encoding="utf-8"?>
2   <shape xmlns:android="http://schemas.android.com/apk/res/android">
3       <solid android:color="#F3F3F3" />
4       <stroke
5           android:width="2dp"
6           android:color="#E1E4E8" />
7       <corners android:topLeftRadius="2dp"
8           android:topRightRadius="2dp"
9           android:bottomRightRadius="2dp"
10          android:bottomLeftRadius="2dp"/>
11  </shape>
```

(1)第 3 行代码设置形状的填充颜色。

(2)第 4—6 行代码通过 shape 标签 stroke 设置控件边缘线条的粗细度和颜色。

(3)第 7—10 行代码设置圆角左上、右上、右下、左下的半径,即四个角的弧度。值越大,弧度越大。

定义好 shape 文件后,下一步就是将其添加到仓储管理的相对布局中(图 2.2 所示的相对布局 3),通过设置相对布局的 background 属性,将形状文件设置为布局背景,新增代码如下。

```
android:background="@drawable/func_shape"
```

运行程序,执行效果如图 2.19 所示。

图 2.19　优化仓储管理布局

知识链接

shape 属性介绍、实操举例

按下按钮的效果介绍-selector

selector 使用举例

shape 元素

shape 用于定义一些形状的样式,在 Android 开发中经常用于控制布局或者控件的背景。shape 文件可以用来定义任意形状,常常用来做背景色等。shape 一共有 6 个元素,分别是 corners、gradient、padding、size、solid、stroke。具体元素说明见表 2.6。

表 2.6　shape 元素说明

元素	说明
solid	设置填充颜色,只有 1 个属性就是 color
stroke	①设置图片边缘颜色,一共有 4 个属性,width、color、dashGap、dashWidth。width 用于控制边框的宽度,color 用于控制边框的颜色 ②dashGap 和 dashWidth 控制边框是否为虚线,如果两个值同时设置为正数,那么边框就会是虚线 ③dashGap 控制的是虚线之间的距离,dashWidth 控制的是虚线段的长度
corners	设置圆角,即 4 个角的弧度,默认如果是 0dp 的话就是直角
padding	用于控制背景边框与背景中的内容的距离,也就是内边距,一共包含 4 个属性,bottom、top、left、right,分别用于控制下、上、左、右的内边距
size	用于设置背景的大小,有两个属性:height 和 width,这两个属性只能是具体的距离
gradient	设置颜色渐变

小提示:当 shape 6 个元素中出现重复定义时,会以最后定义的属性为准。

2.2.4　优化环境监控布局

在"res/drawable"目录下新建根元素为 shape 的 xml 文件,文件名为"activity_shape.xml",新增代码如加粗部分所示。

优化环境监控布局

```
1    <?xml version="1.0" encoding="utf-8"?>
2    <shape xmlns:android="http://schemas.android.com/apk/res/android"
3        android:shape="rectangle">
4        <solid android:color="#F7F8FA" />
5        <stroke
6            android:width="2dp"
7            android:color="#F7F8FA" />
8        <padding
9            android:bottom="2dp"
10           android:left="2dp"
11           android:right="2dp"
12           android:top="2dp" />
13   </shape>
```

(1)第4行代码设置形状的填充颜色。
(2)第5—7行代码通过shape标签stroke元素设置控件边缘线条的粗细度和颜色。
(3)第8—12行代码设置下、左、右、上的内边距为2dp。

定义好shape文件后,通过设置最外层线性布局(与屏幕同大小的线性布局)的background属性,将"activity_shape"形状文件设置为布局背景,新增代码如下。

```
android:background="@drawable/activity_shape"
```

在"res/drawable"目录下新建根元素为"shape"的"info_item_shape.xml"文件,新增代码如加粗部分所示。

```
1    <?xml version="1.0" encoding="utf-8"?>
2    <shape xmlns:android="http://schemas.android.com/apk/res/android">
3        <solid android:color="#fff" />
4        <stroke
5            android:width="1dp"
6            android:color="#E1E4E8" />
7        <corners android:topLeftRadius="2dp"
8            android:topRightRadius="2dp"
9            android:bottomRightRadius="2dp"
10           android:bottomLeftRadius="2dp"/>
11   </shape>
```

(1)第3行代码设置形状的填充颜色。
(2)第4—6行代码通过shape标签stroke元素设置控件边缘线条的粗细度和颜色。
(3)第7—10行代码设置圆角左上、右上、右下、左下的半径为2dp。

定义好shape文件后,通过设置布局(图2.2所示的线性布局4和5,相对布局2,线性布局6和7)的background属性,将"info_item_shape"形状文件设置为布局背景,新增代码如下。

android:background="@drawable/info_item_shape"

运行程序,执行效果如图2.20所示。

图2.20 优化后环境监控布局

2.3 任务检查

如表2.7所示,在完成界面布局设计后,需要结合checklist对代码和功能进行走查,达到如下目的。

(1)确保在项目初期就能发现代码中的BUG并尽早解决。
(2)发现的问题可以与项目组成员分享,以免出现类似错误。

表2.7 智能仓储主界面checklist

序号	检查项目	检查标准	学生自查	教师检查
1	界面所规定的内容是否全部实现	与项目描述的界面对比,有环境监控区域和导航区域,界面没有遗漏		
2	环境监控嵌套布局代码添加是否正确	嵌套布局按照实施方案步骤添加,所有布局和控件添加的位置都正确,开始标签和结束标签成对出现		
3	仓储业务管理嵌套布局代码添加是否正确	嵌套布局按照实施方案步骤添加,所有布局和控件添加的位置都正确,开始标签和结束标签成对出现		

续表

序号	检查项目	检查标准	学生自查	教师检查
4	/res/drawable 目录下是否有 fan.png	该目录下存在风扇的图片		
5	/res/drawable 目录下是否有 locationinfo.png 和 locationin.png	该目录下存在这两个图片		
6	创建的 func_shape.xml 文件的根元素类型是否是 shape 类型,且位于/res/drawable	①类型为 shape ②位于/res/drawable		
7	创建的 activity_shape.xml 文件的根元素类型是否是 shape 类型,且位于/res/drawable	①类型为 shape ②位于/res/drawable		
8	创建的 info_item_shape 文件的根元素类型是否是 shape 类型,且位于/res/drawable	①类型为 shape ②位于/res/drawable		
9	是否存在多余或重复的代码	没有冗余重复的代码		
10	是否有编译链接	没有编译链接问题		
11	程序是否能够正常运行	在模拟器或者真实机器上正常启动,启动后无异常,界面能够正确显示出来		
12	智能仓储 App 启动后,所展示信息(文字、图片)是否正确	①文字无错别字 ②显示的文字、背景颜色、位置按照任务要求呈现 ③Imageview 的图片显示正确		
13	是否有影响用户体验的问题(UI 排版和图标)	无影响用户体验的问题(UI 排版和图标)		

2.4　评价反馈

学生汇报	教师讲评	自我反思与总结
1. 成果展示 2. 功能介绍 3. 代码解释		

2.5　任务拓展

工作任务　仓储首页页面的拓展		
一、任务内容(5 分)		成绩：
在仓储首页页面学习了相对布局和 ImageView 控件属性配置的知识点，本任务在仓储首页界面增加"出库"和"直接出库"的图片，实现仓储管理完整布局，程序运行效果如图 2.21 所示。  图 2.21　程序运行效果		

续表

二、知识准备(20 分)	成绩：
1. 资源拷贝的方法 2. ImageView 属性配置 3. 布局和控件属性设置	

三、制订计划(25 分)	成绩：

根据任务的要求，制订计划。

作业流程		
序号	作业项目	描述
计划审核	审核意见： 年　　月　　日　　　　　　　签字：	

四、实施方案(40 分)	成绩：

1. 打开工程

打开仓储项目的工程，运行工程，检查是否有错。运行工程，检查是否有错。

工程是否正常运行	工程是否创建完成	□是 □否
	运行是否成功	□是 □否

续表

2. 编写代码		
修改布局文件 activity_ware_first.xml，为"出库"和"直接出库"增加图片。 (1) 从/资源包/03_图像资源拷贝 locationout.png 和 dir_locationout.png 图片到 res/drawable 中。 (2) 为"出库"和"直接出库"增加两个 ImageView 控件。其中"出库"的 ImageView 控件 ID 为 "img_lout"，设置图片高度和宽度为60dp，并指定图片 src 属性为"locationout"。"直接出库"的 ImageView 控件 ID 为"img_dlout"，设置图片高度和宽度为60dp，并指定图片 src 属性为"dir_locationout"。		
	运行是否成功	□是 □否
	"出库"和"直接出库"是否增加了图片	□是 □否

3. 其他

五、评价反馈(10 分)	成绩：

请根据自己在课程中的实际表现进行自我反思和自我评价。

自我反思：_____

自我评价：_____

任务3
创建库位详情界面

任务描述

库位详情界面包含两个区域,上部分的区域显示"使用库位数"和"空库位数"的信息,下部分的区域使用 GridView 对每个库位的库存信息进行详细显示,实现库位信息总览。运行效果如图 3.1 所示。本任务仅实现上部分区域的界面,该界面是通过单击系统导航主界面进入库位详情界面。

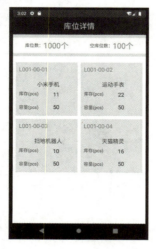

图 3.1　库位详情界面

知识目标

- 掌握事件监听机制工作过程。
- 掌握控件单击事件的实现方式。
- 掌握 Intent(意图)方式的作用和方法。

技能目标

- 能够熟练编写手机界面程序。
- 能够实现控件单击事件处理。
- 能够使用 Intent(意图)方式实现页面跳转。

素质目标

- 培养诚实守信、爱岗敬业、精益求精的工匠精神。
- 培养合作能力、交流能力和组织协调能力。
- 培养良好的编程习惯。
- 培养从事工作岗位的可持续发展能力。
- 培养爱国主义情怀,激发使命担当。

> **思政点拨**
> 　　库位管理是仓库管理的一项重要内容,为仓储管理人员提供便捷的管理方式。各大公司成立了各个项目,如京东亚洲一号、物流北斗新仓智能仓储,智能仓储的强大。为了适应未来产业的需要,学生应做好精准规划,树立正确的人生价值观。
> 　　师生共同思考:如何有效地规划大学生活?

3.1　准备与计划

在完成智能仓储 App 主界面布局后,接下来实现库位详情界面开发以及从导航主界面跳转到库位详情界面。根据任务要求,首先进行界面开发,增加库位详情布局文件,利用线性布局和 TextView 控件完成显示使用库位数和空库位数信息,然后在 WareFirstActivity.java 活动中增加 Java 代码响应,用户单击事件以及通过 Intent 实现页面跳转功能。完成本任务的计划单包括创建库位详情界面布局、添加单击事件、增加页面跳转,见表 3.1。通过将任务分解到易于管理的若干子任务,更加明确任务的内部逻辑关系,防止软件功能的遗漏。

表 3.1　任务计划单

序号	工作步骤	注意事项
1	创建库位详情界面布局	布局方式的选择
2	添加单击事件	如何为组件添加监听器
3	增加页面跳转	意图的实现方法

根据任务计划,在进行本学习任务之前需要对事件监听机制和 Intent 的工作机制和原理有一定的了解。

3.2　任务实施

创建库位详情布局

3.2.1　创建库位详情布局

(1)打开智能仓储项目,在包路径"com. example. smartstorage. activity"上右键单击,

在弹出的快捷菜单中选择"New"→"Activity"→"Empty Activity"选项,弹出新建 Activity 对话框,输入 Activity 的名字为 LocationInfoActivity 和布局文件的名字为 activity_location_info。单击"Finish"按钮,系统会自动创建 LocationInfoActivity 和 activity_location_info 这两个文件,同时系统在 AndroidManifest 文件中添加该 Activity 的注册,如图3.2 所示。

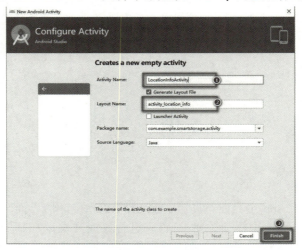

图 3.2　配置活动和布局界面

(2)打开/res/layout 文件夹中的布局文件 activity_location_info.xml,单击"Text"按钮,进入代码编辑模式。具体代码如下。

```
1    <? xml version = "1.0" encoding = "utf-8"? >
2    <LinearLayout
3    xmlns:android = "http://schemas.android.com/apk/res/android"
4        xmlns:app = "http://schemas.android.com/apk/res-auto"
5        xmlns:tools = "http://schemas.android.com/tools"
6        android:layout_width = "match_parent"
7        android:layout_height = "match_parent"
8        android:orientation = "vertical"
9        android:background = "#EBECF0"
10       tools:context = "com.example.smartstorage.activity.LocationInfoActivity" >
11
12       <TextView
13           android:layout_width = "match_parent"
14           android:layout_height = "56dp"
15           android:background = "#25354E"
16           android:text = "库位详情"
17           android:gravity = "center"
18           android:textColor = "#DCE8FE"
```

```
19            android:textSize="24sp"
20            ></TextView>
21        <LinearLayout
22            android:layout_marginTop="10dp"
23            android:background="#fff"
24            android:padding="5dp"
25            android:layout_width="match_parent"
26            android:layout_height="50dp"
27            android:gravity="center"
28            android:orientation="horizontal">
29            <LinearLayout
30                android:layout_width="0dp"
31                android:layout_weight="1"
32                android:gravity="center"
33                android:orientation="horizontal"
34                android:layout_height="wrap_content">
35                <TextView
36                    android:layout_width="wrap_content"
37                    android:layout_height="wrap_content"
38                    android:text="库位数:"></TextView>
39                <TextView
40                    android:layout_width="wrap_content"
41                    android:id="@+id/tv_lcount"
42                    android:textColor="#42ACEC"
43                    android:textSize="24sp"
44                    android:text="1000 个"
45                    android:layout_height="wrap_content"/>
46            </LinearLayout>
47            <LinearLayout
48                android:layout_width="0dp"
49                android:layout_weight="1"
50                android:gravity="center"
51                android:orientation="horizontal"
52                android:layout_height="wrap_content">
53                <TextView
54                    android:layout_width="wrap_content"
55                    android:layout_height="wrap_content"
```

56	android:text="空库位数:"></TextView>
57	<TextView
58	android:layout_width="wrap_content"
59	android:id="@+id/tv_lco"
60	android:textColor="#42ACEC"
61	android:textSize="24sp"
62	android:text="100个"
63	android:layout_height="wrap_content"/>
64	</LinearLayout>
65	</LinearLayout>
66	</LinearLayout>

①第 2 行代码增加了一个线性布局,并设置相关属性,设置方向为垂直方向,设置布局高度和宽度为"match_parent",让当前布局大小和屏幕的大小一样。

②第 12—20 行代码增加了一个 TextView 控件,设置"android:gravity='center'",使"库位详情"文字内容居中显示;同时设置字体的大小、颜色和背景色。

③第 21—28 行代码在最外层的线性布局中嵌套了一个水平线性布局,通过设置"android:layout_marginTop='10dp'",使该布局顶部距上一个 TextView 控件为"10dp"。

④在中间这个线性布局中再嵌套两个线性布局。第 29—46 行代码是第一个子线性布局,第 35—45 行代码在子线性布局中增加两个 TextView 文本框控件,一个用来显示文字"使用库位数:",另外一个 TextView 显示已使用库位实际数量 1 000 个。第 47—64 行增加另外一个子线性布局,在子线性布局中增加两个 TextView 文本框控件,一个用来显示文字"空库位数:",另一个 TextView 显示空库位数量 100 个。

图 3.3　库位详情运行界面

⑤第 31 行和第 49 行代码设置"android:layout_weight='1'",指明最内层的这两个子线性布局各占父容器的一半。

运行程序,执行效果如图 3.3 所示。

3.2.2　增加布局单击事件

在 Android 中,使用事件监听来响应用户界面的操作行为。在事件监听的处理中主要涉及 3 个对象,分别是事件源、事件和事件监听器。事件源就是事件发生的来源,通常就是各个控件,如按钮、菜单、窗口等;事件就是一次用户的操作,可以是按钮单击事件、焦点改变事件等;事件监听器监听事件源发生的事件,并对各事件进行相应的响应。

增加布局单击事件

如图 3.4 所示,首先为某个事件源设置一个事件监听器,用于监听用户操作。当用户进行操作后,触发了事件源的监听器,生成对应的事件对象并将这个事件对象作为参数传递给事件监听器,事件监听器对事件对象进行判断,执行对应事件的处理方法。

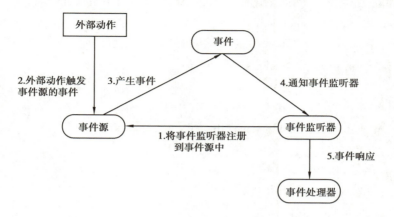

图 3.4　事件监听机制

事件监听机制本质是一种委派式的事件处理机制。事件源将事件处理委托给事件监听器,当该事件源发生指定的事件时,就通知所委托的事件监听器,执行相应的操作。这种方式将事件源和事件监听器分离,从而提高程序的可维护性。基本开发流程如下所述。

(1)获取界面组件的事件源,即被监听的对象,可以是一个按钮、布局。
(2)调用 setXXXListener()方法为事件源(组件)绑定监听器。
(3)实现监听器接口,当事件触发时执行该方法。
其中,绑定监听器的启动方式主要有 3 种。

1)匿名内部类作为事件监听器类

```
1   Button loginButton =(Button)findViewById(R.id.Register);
2
3   btn1.setOnclickListener(new View.OnclickListener(){
4   public void onClick(View v){
5   //要执行的操作
6   }
7   });
```

对于使用匿名内部类作为监听器的实现方式来说,这种方法比较直观方便,其不足之处有两点。一是匿名内部类的语法有点不易掌握,二是当别的地方需要同样的方法时还要重新写一个匿名内部类。如果按钮过多,不仅代码冗余度高,也不方便后期维护。在大部分情况下,事件处理器都没有什么利用价值,大部分事件监听器只是临时使用一次,所以使用匿名内部类形式的事件监听器更合适。

2) Activity 本身作为事件监听器类

```
1   public class WareFirstActivity extends AppCompatActivity implements
2   View.OnClickListener{
3     btnRegister = (Button)findViewById(R.id.Register);
4     btnRegister.setOnClickListener(this);
5
6     btnLogin = (Button)findViewById(R.id.Login);
7     btnLogin.setOnClickListener(this);
8
9     @Override
10    public void onClick(View v){
11      switch(v.getId()){
12        case R.id.Register:
13          {
14            //对应操作
15            break;
16          }
17        case R.id.btnLogin:
18          {
19            //对应操作
20            break;
21          }
22        ……
23      }
24   }
```

Activity 本身作为事件监听器的实现方式类似于选择创建属于自己的监听器,然后再让自己的监听器实现接口 OnclickListener 的相关方法。优点是实现单击事件的接口,然后一个个控件地去绑定,能够为多个 UI 共同的事件统一做处理。其不足之处在于有多个这类方法时代码的可读性不高,不利于代码维护。

小提示:活动需要继承 implements OnClickListener 接口,在类中复写 onClick 方法。

3) 内部类作为事件监听器类

```
1   Button btnRegister = (Button)findViewById(R.id.Register);
2
3   btnRegister.setOnclickListener(new Registerclick());
4
```

```
5   classRegisterClick    implements OnClickListener{
6   public void onClick(View v){//或直接跟上要执行的动作
7   switch(v.getId()){
8     case R.id.Register：
9       //对应的操作
10      break；
11    }
12   }
13  }
```

内部类作为监听器的实现方式和匿名内部类实现方式大体上是一样的。只是内部类选择创建属于自己的监听器，而匿名内部类简化了过程，并没有创建自己的监听器，而是通过直接实现 OnClickListener( ) 来完成创建监听器这个过程。

下面来实现智能仓储首页的"库位详情"这个相对布局单击事件。打开"WareFirstActivity.java"文件，增加如下字体加粗代码。

```
1   public class WareFirstActivity extends AppCompatActivity implements
2   View.OnClickListener{
3     RelativeLayout rLayoutLInfo;
4     @Override
5     protected void onCreate(Bundle savedInstanceState){
6         super.onCreate(savedInstanceState);
7         requestWindowFeature(Window.FEATURE_NO_TITLE);
8         ActionBar actionBar = getSupportActionBar();
9         actionBar.hide();
10        setContentView(R.layout.activity_ware_first);
11        initView();
12    }
13
14    private void initView()
15    {
16        rLayoutLInfo = (RelativeLayout)findViewById(R.id.rlout_info);
17        rLayoutLInfo.setOnClickListener(this);
18    }
19    @Override
20    public void onClick(View view){
21        int vId = view.getId();
```

```
22       switch(vId){
23       case R.id.rlout_info:
24       {
25           Toast.makeText(WareFirstActivity.this,
26               "测试单击事件",Toast.LENGTH_LONG).show();
27           break;
28       }
29       }
30   }
31 }
```

（1）采用 Activity 本身作为事件监听器。第 1 行代码在活动 WareFirstActivity 增加"implements View.OnClickListener"接口的语句，即让 WareFirstActivity 实现"View.OnClickListener"接口。

（2）第 3 行代码定义一个相对布局类的对象 rLayoutLInfo。

（3）第 5 行代码创建活动对象时会调用 onCreate()方法，这个方法用来完成一些基本设置。

（4）第 7—9 行代码隐藏系统自带的标题栏。

（5）第 10 行代码 setContentView(R.layout.activity_ware_first)告诉 Android 系统这个活动会使用 activity_ware_first 作为它的布局，将布局和活动关联。

（6）第 11 行代码调用自定义 initView 方法。

（7）第 14—18 行代码新增 initView 方法的实现，负责初始化视图。首先在第 16 行使用 findViewById 方法获取 XML 布局文件中的元素，即获取事件源，这里根据"R.id.rlout_info"获取到指定的相对布局并赋值给对象 rLayoutLInfo。findViewById 函数入参是 XML 文件中视图的 id 标识，返回值是一个 View 对象。第 17 行调用 setOnClickListener()方法，为相对布局单击事件绑定监听器。initView 方法在活动的 onCreate 方法中调用。

（8）第 20 行代码实现监听器接口 onClick 事件处理函数，当事件触发时调用该方法，该方法会根据获取到的 id 进行相关处理。

（9）第 25—27 行代码使用 Toast 在应用程序上浮动显示信息给用户，主要用于一些帮助或者提示，使用 Toast 不会获得焦点也不会影响用户输入或其他操作。首先使用静态方法 makeText()创建一个 Toast 对象，然后调用 show()函数显示信息。有 3 个 makeText 函数入参，第一个参数表示当前上下文环境；第二个参数表示为 Toast 显示的文本内容，文本内容放在双引号当中；第三个参数表示 Toast 的显示时长，其中内置常量有两种类型，分别是 Toast.LENGTH_SHORT(2 秒)和 Toast.LENGTH_LONG(3.5 秒)。

运行程序，单击"库位详情"，执行效果如图 3.5 所示。

任务3 创建库位详情界面

Toast 消息提示框

实现页面跳转

图 3.5 事件监听测试

3.2.3 实现页面跳转

在 Android 中使用 Intent 这个方法来进行页面跳转，Intent 一般可应用于启动活动、服务以及发送广播等场景。由于暂时还未学习服务、广播等概念，在本任务中主要实现 activity(活动)，后面的任务会深入讲解如何启动服务。通过 Intent，程序可以向 Android 系统表达某种请求或者意愿，Android 系统会根据 Intent 的内容选择对应的组件来完成请求。Intent 的核心是组件之间的枢纽、通信的桥梁。各个活动的时序图如图 3.6 所示。

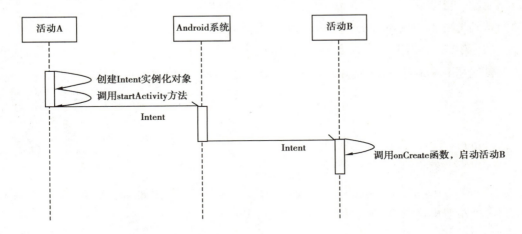

图 3.6 活动跳转交互图

对 Android 软件开发初学者来说，实现简单的页面跳转非常容易。打开 WareFirstActivity.java 文件，修改 onClick 方法，新增代码如字体加粗部分所示。

```
1      @Override
2      public void onClick(View view){
3          int vId = view.getId();
4          Intent intent=null;
5          switch(vId){
6          case R.id.rlout_info:
7          {
8              intent=new Intent(WareFirstActivity.this,
9                          LocationInfoActivity.class);
10             break;
11         }
12         }
13         startActivity(intent);
14     }
```

（1）第4行代码声明一个Intent类的对象，并初始化为null。

（2）第8—9行代码创建Intent实例化对象，Intent有多个构造函数的重载，其中一个是Intent(Context packageContext,Class<? >cls)。这个构造函数有两个入参，第一个参数Context表示提供一个启动活动的上下文，第二个参数Class则是指定想要启动的目标活动。这里传入"WareFirstActivity.this"作为上下文，传入"LocationInfoActivity.class"作为目标活动，这样就可以告诉Android系统在单击事件触发后，在WareFirstActivity这个活动的基础上可以进入LocationInfoActivity这个活动。

（3）第13行调用Activity实例化对象的startActivity()方法来执行这个Intent，该函数的入参就是Intent对象。注意，如果没有调用这个方法，页面之间也不能实现跳转。

知识链接

1）Intent的类型

Intent有两种类型，分别是显性Intent和隐式Intent。

Intent 介绍和案例

（1）显式Intent：通过组件名决定启动哪一个目标组件，比如startActivity(A.this,B.class)，表明要启动B活动，通过这种方式每次启动的组件只有一个。

（2）隐式Intent：不明确指定哪一个目标组件，而是泛指Intent的Action、Data或Category这些属性。当启动组件时，由系统分析这个Intent，自动匹配AndroidManifest.xml相关组件的Intent-filter，逐一匹配出满足属性的组件，找出合适的一个启动。当有多个满足时，会提示让用户选择启动哪个应用（比如平时点开一个网页地址时，如果手机上安装了多个浏览器，则会提示让用户选择用哪一个浏览器打开）。

2) Intent 的常用属性

（1）Component（组件）：明确指定 Intent 的目标组件的类名称。

（2）Action（动作）：描述 Intent 对象要实施的动作。Intent 对象中的动作可以通过 setAction 方法来设置，也可以在 AndroidManifest.xml 组件节点的<intent-filter>节点中指定动作。通过 getAction 方法来读取。Action 将在很大程度上决定 Intent 的其他部分如何被组织，Intent 类定义了一系列动作常量来对应不同的 Intent，见表 3.2。

表 3.2 Action 的常用属性

名称	AndroidManifest.xml 配置名称	说明
ACTION_MAIN	android.intent.action.MAIN	应用程序入口
ACTION_VIEW	android.intent.action.VIEW	显示数据给用户
ACTION_ATTACH_DATA	android.intent.action.ATTACH_DATA	指明附加信息给其他地方的一些数据
ACTION_EDIT	android.intent.action.EDIT	显示可编辑的数据
ACTION_SYNC	android.intent.action.SYNC	同步数据

（3）category（类别）：对执行操作的类别进行描述，可以通过 addCategory（）方法进行设置。category 的值为字符串，也可以在 AndroidManifest.xml 组件节点的<intent-filter>节点中指定动作。

（4）data（数据）：Intent 对象中用于进行操作的数据，可以调用 setData（）或 setDataAndType（），data 值一般为 Uri 类型，见表 3.3。

表 3.3 常用的数据操作类型及说明

操作类型	说明
浏览网页	http://网页地址
拨打电话	tel：电话号码
发送短信	smsto：短信接收号码
邮件	mailto：邮件接收人地址

（5）type（类型）：用于明确指定 Data 属性的数据类型或 MIME 类型，可以直接使用 SetType 方法进行设置。

（6）extra（附加数据）：主要功能是传递给需要处理 Intent 的组件的附加信息，附加信息以键值对方式进行传递。通过 putExtras（）方法设置值，getExtras（）方法获取值。

（7）flags（标记）：标记也是 Intent 中的可选部分，对 Android 系统如何启动活动、服务，启动后如何处理等进行说明。

3.3 任务检查

如表 3.4 所示,在完成仓储库位详情布局后,需要结合 checklist 对代码和功能进行走查,达到如下目的:

(1)确保在项目初期就能发现代码中的 BUG 并尽早解决。

(2)发现的问题可以与项目组成员分享,以免出现类似错误。

表 3.4 仓储库位详情功能 checklist

序号	检查项目	检查标准	学生自查	教师检查
1	界面所规定的内容是否全部实现	与项目描述的界面比对,有使用库位数:1 000 个和空库位数:100 个,界面没有遗漏		
2	嵌套布局代码添加是否正确	所有布局和控件添加的位置都正确,开始标签和结束标签成对出现		
3	initView 函数是否被调用	在 onCreate 函数中调用		
4	调用 Toast.makeText 函数后是否调用 show 函数	Toast.makeText(WareFirstActivity.this,"测试单击事件",Toast.LENGTH_LONG).show();		
5	是否有编译链接	没有编译链接问题		
6	程序是否能够正常运行	在模拟器或者真实机器上能够正常启动,启动后无异常,界面能够正确显示出来		
7	库位详情展示的文字信息是否正确	文字无错别字 显示的文字、背景颜色、位置按照任务要求呈现		
8	单击主界面是否能够跳转到库位详情页面	从主界面能够正确跳转到库位详情页面		
9	是否有影响用户体验的问题(UI 排版和图标)	无影响用户体验的问题(UI 排版和图标)		

3.4　评价反馈

学生汇报	教师讲评	自我反思与总结
1. 成果展示 2. 功能介绍 3. 代码解释		

3.5　任务拓展

工作任务　仓储首页页面跳转功能	
一、任务内容(5分)	成绩：
在仓储首页页面实现了"库位详情""入库""出库"和"直接出库"导航界面，在仓储首页主界面实现单击"直接出库"跳转到"直接出库"界面。	
二、知识准备(20分)	成绩：
1. 创建和编辑布局 　　2. 事件监听机制 　　3. Intent 跳转	

续表

三、制订计划(25 分)   成绩：

根据任务的要求，制订计划。

作业流程		
序号	作业项目	描述

计划审核	审核意见：
	年　　月　　日　　签字：

四、实施方案(40 分)   成绩：

1. 打开工程

打开已经实现任务 3 的工程，运行工程，检查是否有错。

工程是否正常运行	工程是否创建完成	□是 □否
	运行是否成功	□是 □否
	功能是否正常	□是 □否

如果有问题，需要解决完以上所有问题再进行下一步。

2. 编写代码

（1）创建布局文件 activity_location_direc_out.xml，按照任务要求增加 TextView 用于显示"直接出库"信息。同时创建"LocationDirecOutActivity.java"文件。

代码是否正常运行	运行是否成功	□是 □否
	直接出库界面是否能够正确显示"直接出库"信息	□是 □否

续表

（2）打开"WareFirstActivity.java"文件，实现从主界面跳转到直接出库界面，要求跳转过程中通过 Toast 显示"进入直接出库界面，功能待完善……"，信息显示时间为 2 秒。

代码是否正常运行	运行是否成功	□是 □否
	能够从主界面跳转到直接出库界面	□是 □否
	是否显示"进入直接出库界面，功能待完善……"，且显示时间为 2 秒	□是 □否

五、评价反馈（10 分）	成绩：
请根据自己在课程中的实际表现进行自我反思和自我评价。 自我反思：_____ _____ 自我评价：_____ _____	

任务 4
实现入库功能

任务描述

仓储管理的入库流程中,企业从供应商购买一批原材料,快递到货后,检验人员对原材料清单和质量进行检查,确保无误后,将来料数据录入系统,由相应人员完成审核,在系统中生成入库任务清单,系统推送任务到仓库管理终端。此时,仓库管理人员将在终端上收到入库的物料清单列表,完成该批物品的入库存放,实现入库过程的信息化、精细化和数据透明化管理,如图4.1所示。

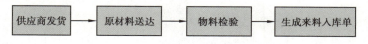

图4.1 来料入库前的流程

本任务以企业实际生产场景中的入库流程为需求,设计仓储终端的入库功能,模拟终端收到来料任务清单,仓储人员在终端根据清单内容,完成将物料入库的操作。系统中同步生成物料的库存信息,后续需要使用该批物料时,再进行出库操作取出,确保物料出入库过程的规范化管理,为企业生产经营提供强而有力的保障。

知识目标

- 了解 Activity 的生命周期和启动模式。
- 掌握 ListView 控件和适配器的使用。
- 掌握自定义对话框。

技能目标

- 在 Activity 生命周期的各个方法中,具备对象初始化和销毁的操作。
- 能够在界面中实现列表数据加载。
- 能够实现物料入库的过程开发和数据存储功能。

素质目标

- 培养良好的编程习惯。
- 培养合作能力、交流能力和组织协调能力。
- 具备程序设计能力,能根据给出需求设计功能并实现程序代码。
- 培养善于思考、善于总结、精益求精的工匠精神。
- 培养学生谦虚、好学、乐于奋斗的优秀品质。
- 培养工作细心、踏实的职业情操。

思政点拨

来料入库单包含了许多的物料信息,对于入库过程,仓管员需对每种物料的信息和数量认真核对,准确将信息录入仓库,否则将造成企业资产信息不对,给企业带来损失。引导学生认真、负责、严谨对待学习和工作,自觉弘扬和践行爱岗敬业的社会主义核心价值观。

师生共同思考:作为未来物联网工程人员的我们,如何在工作中践行社会主义核心价值观?

4.1 准备与计划

入库功能中,将用 ListView 来呈现来料清单,通过继承 BaseAdapter,自定义列表内容项,呈现入库任务的重要信息:库位、物料号、物料名、入库数量等。用户通过单击列表中的数据项,弹出入库确认框,在入库确认框中输入入库物料数量,完成整个入库流程。

本节任务通过实现物料入库信息的显示和入库确认框里的选择,我们将学习安卓 Activity 的生命周期和数据交互、ListView 控件、单击事件 OnItemclickListener 的使用、自定义对话框 Dialog 的使用。列表呈现来料数据的效果图如图 4.2 所示,自定义弹框效果如图 4.3 所示。

图 4.2 来料入库信息清单

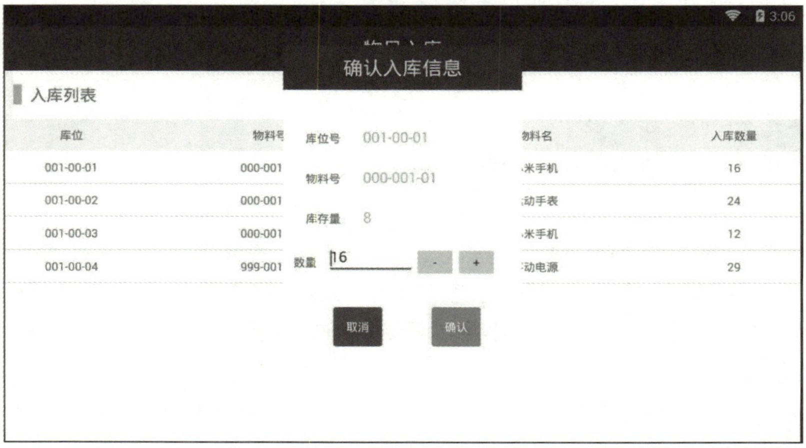

图 4.3 确认入库弹出框

在仓储首页中完成基本布局和入库对象的实例化,见表4.1。

表4.1 任务计划单

序号	工作步骤	注意事项
1	实现入库布局	Intent 对象的使用、单击事件的实现
2	创建 JsonConvUtil 处理类	传输数据格式的转换,JSON 和实体间互转的实现
3	创建 SharedDataUtil 处理类	SharedPreferences 数据的存储和获取
4	显示来料入库清单	ListView 和适配器的使用
5	实现来料入库功能	自定义弹框的使用、ListView 的子项单击监听器
6	完善库位详情界面	使用网格控件 GridView+适配器实现详情信息显示

4.2 任务实施

实现入库布局

4.2.1 实现入库布局的显示

本节完成入库界面的布局效果。在仓储首页单击入库功能后,实现跳转到入库界面展示入库界面效果。

1)创建入库活动和布局

在实现来料入库页面开发前,需创建入库的活动对象,在仓储项目的工程中,包路径"com. example. smartstorage. activity"下,单击右键→New→Activity→Empty Activity 进行空 Activity 的创建,类名为 LocationInActivity,与之对应的布局文件为"activity_location_in. xml"。

打开"layout 下 activity_location_in. xml"文件,新增如下代码。

```
1    <LinearLayout xmlns:android = "http://schemas.android.com/apk/res/android"
2        xmlns:app = "http://schemas.android.com/apk/res-auto"
3        xmlns:tools = "http://schemas.android.com/tools"
4        android:layout_width = "match_parent"
5        android:layout_height = "match_parent"
6        android:orientation = "vertical"
7        tools:context = "com.example.smartstorage.activity.LocationInActivity">
8        <TextView
```

```
9        android:layout_width="match_parent"
10       android:layout_height="56dp"
11       android:background="#25354E"
12       android:text="物品入库"
13       android:gravity="center"
14       android:textColor="#DCE8FE"
15       android:textSize="24sp"
16       ></TextView>
17    <LinearLayout
18       android:layout_width="match_parent"
19       android:layout_height="60dp"
20       android:background="#fff"
21       android:gravity="center_vertical"
22       android:layout_marginLeft="10dp" >
23       <TextView
24          android:layout_width="10dp"
25          android:layout_height="25dp"
26          android:background="#FEA95F" />
27       <TextView
28          android:layout_width="wrap_content"
29          android:layout_height="40dp"
30          android:layout_marginLeft="10dp"
31          android:textSize="20sp"
32          android:gravity="center"
33          android:text="入库列表"></TextView>
34    </LinearLayout>
```

继续完善代码如下。

```
1     <LinearLayout
2        android:layout_width="match_parent"
3        android:layout_height="match_parent"
4        android:background="#fff"
5        android:orientation="vertical" >
6        <LinearLayout
7           android:layout_width="match_parent"
8           android:layout_height="40dp"
9           android:background="#F4F9FF"
10          android:gravity="center"
```

```
11              android:orientation="horizontal">
12          <TextView
13              android:layout_width="0dp"
14              android:layout_height="wrap_content"
15              android:layout_weight="1"
16              android:gravity="center"
17              android:text="库位"></TextView>
18          <TextView
19              android:layout_width="0dp"
20              android:layout_height="wrap_content"
21              android:layout_weight="2"
22              android:gravity="center"
23              android:text="物料号"></TextView>
24
25          <TextView
26              android:layout_width="0dp"
27              android:layout_height="wrap_content"
28              android:layout_weight="2"
29              android:gravity="center"
30              android:text="物料名"></TextView>
31
32          <TextView
33              android:layout_width="0dp"
34              android:layout_height="wrap_content"
35              android:layout_weight="1"
36              android:gravity="center"
37              android:text="入库数量"></TextView>
38      </LinearLayout>
39      <ListView
40          android:id="@+id/listview_locationin"
41          android:layout_width="match_parent"
42          android:layout_height="match_parent"></ListView>
43      </LinearLayout>
44  </LinearLayout>
```

activity_location_in.xml 完成布局后，显示效果如图 4.4 所示。

图4.4 布局文件效果图

2）首页中实现单击入库跳转到入库界面

打开仓储首页活动 WareFirstActivity 类，前面我们了解到布局文件"layout_ware_first"中入库处相对布局的 id 为"rlout_lin"。这里定义相对布局对象 rLayoutLIn，该对象指向入库功能（含入库文字和图片）的布局，检查 initView 方法中对 rLayoutLIn 实例化和单击事件监听添加，代码如下。

```
1   rLayoutLIn = findViewById(R.id.rlout_lin);
2   ……
3   rLayoutLIn.setOnClickListener(this);
```

小提示："……"处省略了前面章节的代码，读者可自行添加，只需保持前后关系即可。

（1）第1行代码，rLayoutLIn 是定义入库的相对布局对象，findViewById 方法完成根据 id 值实例化的控件对象，该 id 值为 activity_ware_first.xml 中入库部分相对布局标签的 id 属性值。代码运行后 rLayoutLIn 对象将指向入库处的相对布局，后续需要对界面中入库处的属性进行调整，可通过对 rLayoutLIn 的操作完成。

（2）第3行代码，setOnClickListener 方法为控件设置单击监听，这里的调用者是 rLayoutLIn，即为入库处的相对布局设置单击监听，单击后的处理者为当前对象。

WareFirstActivity 类名定义处实现 OnClickListener 接口，在重写的 onClick 方法中，实现对 rLayoutLIn 的单击实现，添加代码如下。

```
1   @Override
2   public void onClick(View view){
3       int vId = view.getId();
4       Intent intent = null;
5       switch(vId){
6           ……
7           case R.id.rlout_lin:
8               intent = new Intent(WareFirstActivity.this,
                        LocationInActivity.class);
9               break;
```

```
10                ……
11            }
12            startActivity(intent);
13    }
```

（1）第 3 行代码接收单击对象的控件 ID，view 为当前被单击的控件对象，onClick 方法被触发时，可能是入库、出库、库位详情中某一个布局处发生的单击，view.getId() 获取当前单击对象的 id，从 view 中获取当前被单击对象的 id 后，后续通过分支判断可知道触发单击处是哪一个布局。

（2）第 4 行代码定义 Intent 对象 intent，用于后续界面实现跳转。

（3）第 7 行代码是被单击对象为入库的分支处理。

（4）第 8 行代码用 Intent 的构造方法，实例化 intent 对象。构造方法支持两个参数，一个是当前的上下文对象，第二个是跳转的目的活动界面 LocationInActivity。

（5）第 9 行代码定义 break 跳出当前分支，程序执行到第 12 行代码处，该处代码执行后跳转到 LocationInActivity 活动中。

3）测试

运行项目程序，仓储首页中，单击"入库"处，界面发生跳转，运行效果如图 4.5 所示。LocationInActivity 中程序为创建时默认生成 java 代码，故此时入库界面的入库列表暂无数据。

（a）首页中单击"入库"　　　　（b）单击"入库"后跳转到"物品入库"的效果图

图 4.5　入库单击跳转

4.2.2　创建 JsonConvUtil 处理类

创建 JsonConvUtil 处理类

1）创建入库信息实体类 LocationIn

打开智能仓储项目，在包路径"com.example.smartstorage.entity"下，新建入库信息实体类，如果 smartstorage 下无 entity 包，右键单击 com.example.smartstorage→New→Package，包名为"entity"，也就是 LocationIn 类，具体操作为：选中路径→单击鼠标右键→"New"→"Java Class"，如图 4.6 所示。

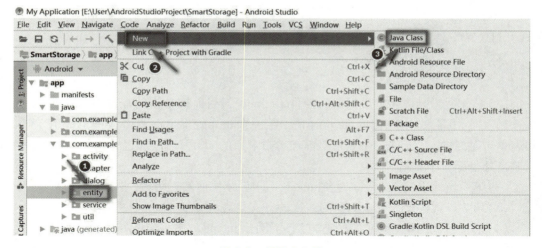

图 4.6 创建 java 类

弹出对话框，Name 输入框中输入"LocationIn"类，然后单击"OK"按钮，如图 4.7 所示。

在包路径"com. example. smartstorage. entity"下查看新建完成的"LocationIn. java"文件，如图 4.8 所示。

图 4.7 创建 LocationIn 类

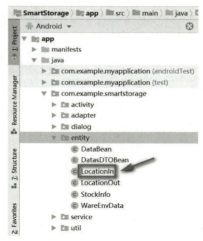

图 4.8 查看 LocationIn 文件

双击打开"LocationIn. java"文件，查看入库信息实体类，完成库位号、物料号、物料名、入库数量等类成员的编写，以及类成员对应的 set 方法和 get 方法的编写、构造函数的编写，如图 4.8 所示。

```
1    public class LocationIn {
2        String locationNo;
3        String materialNo, materialName;
4        int count;
5
```

```java
6      public String getLocationNo( ) {
7          return locationNo;
8      }
9
10     public void setLocationNo( String locationNo) {
11         this. locationNo = locationNo;
12     }
13
14     public String getMaterialNo( ) {
15         return materialNo;
16     }
17
18     public void setMaterialNo( String materialNo) {
19         this. materialNo = materialNo;
20     }
21
22     public String getMaterialName( ) {
23         return materialName;
24     }
25
26     public void setMaterialName( String materialName) {
27         this. materialName = materialName;
28     }
29
30     public int getCount( ) {
31         return count;
32     }
33
34     public void setCount( int count) {
35         this. count = count;
36     }
37     public LocationIn( ) {
38
39     }
40     public LocationIn( LocationIn locationIn) {
41         locationNo   = locationIn. getLocationNo( );
42         materialName = locationIn. getMaterialName( );
```

```
43            materialNo = locationIn.getMaterialNo();
44            count = locationIn.getCount();
45        }
46   }
```

(1)第2—4行代码:定义了入库列表信息实体类的4个成员变量,具体含义见表4.2。

表4.2　LocationIn 类成员变量及含义

成员变量	含义
locationNo	存放库位号信息
materialNo	存放物料编号信息
materialName	存放物料名信息
count	存放物料的数量

(2)第6—36行代码:分别对应了成员变量locationNo,materialNo,materialName,count的get和set方法,便于后续其他类使用。

(3)第37—39行代码:定义了LocationIn类的构造方法,是一个没有参数的空构造方法。

(4)第40—45行代码:也是定义了LocationIn类的构造方法,这个构造方法有一个参数,即LocationIn,locationIn把它本身作为参数对象来传递。

> 小提示:快速生成类成员set和get方法。在类的大括号中,空白区域单击右键→选择Generate→选择Getter and Setter→选择你要生成set方法和get方法的成员变量→最后单击OK。

2)创建JSON数据处理类JsonConvUtil

接下来还需要在包路径"com.example.smartstorage.util"下新建JSON转换工具类,即JsonConvUtil类,具体操作:选中路径→单击右键→"New"→"Java Class",具体创建方法查看前面的步骤,创建完成。

创建完成JsonConvUtil类后,双击打开,在该类中编写把Java对象转换成JSON格式字符串的方法,代码如下。

```
1   public class JsonConvUtil extends JSONObject {
2       public String getArrayString(List list) throws IllegalAccessException, IllegalArgumentException, JSONException {
3           StringBuffer sBuffer = new StringBuffer();
4           sBuffer.append("[");
5           for(Object object : list){  //把每个对象的JSON字符串拼接起来
6               writeBean(object);
7               sBuffer.append(this.toString()).append(",");
```

```
 8            }
 9            sBuffer.deleteCharAt(sBuffer.length()-1);//去掉最后面的逗号
10            sBuffer.append("]");
11            return sBuffer.toString();
12        }
13        public void writeBean(Object obj) throws IllegalAccessException, IllegalArgumentException, JSONException{
14            Class cls = obj.getClass();
15            Field[] fs = cls.getDeclaredFields();
16            //对每个成员变量,从json字符串中取值,并且放到实例中
17            for(int i = 0; i < fs.length; i++){
18                String name = fs[i].getName();
19                fs[i].setAccessible(true);//防止私有成员不能访问
20                Object value = fs[i].get(obj);//从传入对象中取得相应的值
21                this.put(name, value);
22            }
23        }
24    }
```

(1)第1行代码,让JsonConvUtil类继承了JSONObject类。

(2)第2行代码,在该类中编写了getArrayString方法,主要功能是将List集合转换为JSON格式字符串,并将字符串返回。该方法声明了3个异常,一个是IllegalAccessException异常,表示没有访问权限的异常;第二个是IllegalArgumentException异常,表示非法的参数异常;第三个是JSONException异常,表示JSON格式转换异常。

(3)第3—8行代码,利用StringBuffer类,把每个对象的JSON字符串拼接起来。其中,第4行由于是对List集合的转换,JSON字符串必须以"["开头,"]"结尾。第6行调用了自定义的writeBean方法,将对象保存为键值对格式。

(4)第9—11行代码,删除字符串中最后面的逗号,然后在字符串末尾加上"]",表示集合格式的JSON字符串结束,最后返回该JSON字符串。

(5)第13行代码,在该类中还编写了writeBean方法,主要功能是将Object对象保存在JSONObject类中。该方法同样也声明了3个异常。

(6)第14—15行代码,从Object对象中获取类名对象cls,再通过类名对象cls获取该类所有成员的字段,保存在fs数组中。

(7)第17—21行代码,对成员字段fs数组进行循环,从数组中依次获取成员变量名和成员值,然后将成员变量名和成员值保存为键值对格式。

该程序段对应的两个函数方法的详细说明,见表4.3、表4.4。

表 4.3　getArrayString 函数

函数名	getArrayString
函数原型	String getArrayString(List list)
功能描述	将 List 集合转换为 JSON 格式字符串
入口参数	list：List 类集合对象
返回值	JSON 格式字符串
注意事项	该方法声明了 3 个异常： 　IllegalAccessException 异常，表示没有访问权限的异常 　IllegalArgumentException 异常，表示非法的参数异常 　JSONException 异常，表示 JSON 格式转换异常

表 4.4　writeBean 函数

函数名	writeBean
函数原型	public void writeBean(Object obj)
功能描述	把 obj 对象里的成员变量，包括变量名和变量值，保存到 JSONObject 对象中
入口参数	obj：要保存的 Object 类对象
返回值	无
注意事项	该方法声明了 3 个异常： 　1. IllegalAccessException 异常，表示没有访问权限的异常 　2. IllegalArgumentException 异常，表示非法的参数异常 　3. JSONException 异常，表示 JSON 格式转换异常

知识链接

JSONObject 序列化和反序列化举例

1) JSON 的概念

JSON(JavaScript Object Notation，JS 对象简谱)是一种轻量级的数据交换格式。它基于 ECMAScript(欧洲计算机协会制定的 JS 规范)的一个子集，采用完全独立于编程语言的文本格式来存储和表示数据。简洁和清晰的层次结构使 JSON 成为理想的数据交换语言，易于使用者阅读和编写，同时也易于机器解析和生成，并有效提升网络传输效率。

2) JSON 的语法格式

JSON 的语法格式严格遵循以下 4 个内容：
- 数据在名称/值对中
- 数据由逗号分隔
- 大括号保存对象
- 中括号保存数组

JSON 数据的书写格式：名称/值对(或者称键值对)。名称/值对包括：字段名称(必须在双引号中),后面写一个冒号;值。比如"JSON"表示字符串数据,其格式为:"firstName":"John",其中"firstName"是字段名称,"John"是字段名称对应的值。

> 小提示:字段名称必须用英文的双引号括起来。

关于 JSON 值可以是以下 6 种类型:
- 数字(整数或浮点数)
- 字符串(在双引号中)
- 布尔值(true 或 false)
- 对象(在大括号中{})
- 数组(在中括号中[])
- null(空类型)

(1)JSON 表示数字。JSON 表示数字可以是整型或者浮点型,参考示例如下:{"age":30},其中 age 是字段名称,30 是数字值。"{}"表示这是一个对象类型。

(2)JSON 表示字符串。JSON 表示字符串时,注意数据值需要用英文的双引号括起来,参考示例如下:{"firstName":"John"},其中"firstName"是字段名称,"John"是字符串值。"{}"表示这是一个对象类型。

> 小提示:数据值为字符串时,需要使用英文双引号括起来。

(3)JSON 表示布尔值。JSON 布尔值可以是 true 或者 false,参考示例如下:{"flag":true},其中 flag 是字段名称,true 是布尔值。"{}"表示这是一个对象类型。

(4)JSON 表示对象。JSON 表示对象时,必须在大括号"{}"中书写,对象可以包含多个名称/值对,但需要用逗号隔开,参考示例如下:{"firstName":"John","lastName":"Doe"},其中,"firstName":"John"是第一个键值对,firstName 是字段名称,John 是字符串值;"lastName":"Doe"是第二个键值对,lastName 是字段名称,Doe 是字符串值。

(5)JSON 表示数组。JSON 表示数组时,必须在中括号"[]"中书写,数组可包含多个对象,参考示例代码如下。

```
{
    "employees" : [
        {
            "firstName" : "John" ,
            "lastName" : "Doe"
        },
        {
            "firstName" : "Anna" ,
            "lastName" : "Smith"
        },
        {
```

```
            "firstName" : "Peter",
            "lastName" : "Jones"
        }
    ]
}
```

其中,employees 表示数组名字。数组里面保存了 3 个关于姓名的对象,每个对象用"{ }"括起来,代表一条关于姓名的记录。

当有多个对象且不知道要保存的长度时,就需要使用 List 集合类来保存多个数据。JSON 表示 List 集合时,JSON 字符串必须以左中括弧"["开头,右中括符"]"结尾,参考示例如下。

```
[
    {
        "count" : 28,
        "locationNo" : "001-00-01",
        "materialName" : "小米手机",
        "materialNo" : "000-001-01"
    },
    {
        "count" : 19,
        "locationNo" : "001-00-02",
        "materialName" : "运动手表",
        "materialNo" : "000-001-06"
    }
]
```

该集合保存了两个对象,每个对象用"{ }"括起来,存放了关于商品信息的一些数据。

(6) JSON 表示 null 空类型

JSON 表示 null 空类型时,参考示例如下:{"firstName":null},其中 firstName 是字段名称,null 表示空值。"{ }"表示这是一个对象类型。

3) JSONObject 的概念

在 java 中,JSON 就是按照一定规则组合起来的字符串,但 java 通常使用实体类来实现相关功能的实现和数据的显示,这里需要使用 java 中的 JSONObject 类来完成 JSON 字符串与实体类之间的相互转换。

JSONObject 只是一种数据结构,可以理解为 JSON 格式的数据结构(key-value 结构),可以使用 put 方法给 JSON 对象添加元素。JSONObject 可以很方便地把任意对象转换成字符串,也可以很方便地把其他对象转换成 JSONObject 对象。JSONObject 是根据

JSON 形式在 Java 中存在的对象映射。

JSONObject 类常用方法,见表 4.5。

表 4.5 JSONObject 类常用方法及说明

方法	说明
voidput(String name,Object value)	在 JSONObject 对象中设置键值对,在设定值时,name 是唯一的。如果用相同的 key 不断设值,保留最后一次的值
Object get(Stringname)	根据 name 值获取 JSONObject 对象中对应的 value 值,获取到的值是 Object 类型,需要手动转化为需要的数据类型
String getString(String name)	根据 name 值获取 JSONObject 对象中对应的 value 值,获取到的值是 String 类型
int length()	返回此对象中名称/值映射的数目
JSONObject getJSONObject(Stringname)	如果 JSONObject 对象中的 value 是一个 JSONObject 对象,根据 name 获取对应的 JSONObject 对象
JSONArray getJSONArray(Stringname)	如果 JSONObject 对象中的 value 是一个 JSONObject 数组,根据 name 获取对应的 JSONObject 数组
String toString()	将 JSONObject 对象转换为 JSON 格式的字符串,并把该字符串返回

4.2.3 创建 SharedDataUtil 工具类

创建 SharedDataUtil 工具类

在创建 SharedDataUtil 工具类前,增加库存信息实体类 StockInfo 的定义。

打开智能仓储项目,在包路径"com. example. smartstorage. entity"下新建 java 类,类名为"StockInfo",该类主要用于存放库存基本信息,有 6 个成员变量:仓库编号、库位号、物品编号、物品名称、库存量、库位容量,新增代码如下:

```
1    package com. example. smartstorage. test. entity;
2
3    public class StockInfo {
4
5        String warehouseNo;    //仓库编号
6        String locationNo;     //库位号
7        String materialNo;     //物品编号
8        String materialName;   //物品名称
9        int stock;    //库存量
```

```java
10      int volume;//库位容量
11
12      public StockInfo(){
13      }
14
15      public StockInfo(StockInfo stockInfo){
16          this.warehouseNo = stockInfo.getWarehouseNo();
17          locationNo = stockInfo.getLocationNo();
18          materialName = stockInfo.getMaterialName();
19          materialNo = stockInfo.getMaterialNo();
20          stock = stockInfo.getStock();
21          volume = stockInfo.getVolume();
22      }
23
24      public String getWarehouseNo(){
25          return warehouseNo;
26      }
27
28      public void setWarehouseNo(String warehouseNo){
29          this.warehouseNo = warehouseNo;
30      }
31
32      public String getLocationNo(){
33          return locationNo;
34      }
35
36      public void setLocationNo(String locationNo){
37          this.locationNo = locationNo;
38      }
39
40      public String getMaterialNo(){
41          return materialNo;
42      }
43
44      public void setMaterialNo(String materialNo){
45          this.materialNo = materialNo;
46      }
```

```
47
48      public String getMaterialName() {
49          return materialName;
50      }
51
52      public void setMaterialName(String materialName) {
53          this.materialName = materialName;
54      }
55
56      public int getStock() {
57          return stock;
58      }
59
60      public void setStock(int stock) {
61          this.stock = stock;
62      }
63
64      public int getVolume() {
65          return volume;
66      }
67
68      public void setVolume(int volume) {
69          this.volume = volume;
70      }
71  }
72
```

第24—70行代码完成了对以上6个成员变量值的获取和设置功能。

打开智能仓储项目,在包路径"com.example.smartstorage.util"下新建数据存储工具类,类名为"SharedDataUtil",具体操作:选中路径→单击右键→"New"→"Java Class"。双击打开"SharedDataUtil.java"文件,需要对数据存储工具类也就是SharedDataUtil类,完成入库信息的保存,新增如下代码。

```
1   public class SharedDataUtil {
2       private SharedPreferences myp;
3       Context con;
4       SharedPreferences.Editor editor;
5       String stockDatas;
6       public SharedDataUtil(Context c) {
```

```
7            con = c;
8            myp = con.getSharedPreferences("stock",Context.MODE_PRIVATE);
9            editor = myp.edit();
10       }
11       public void addData(StockInfo s){
12            List<StockInfo> stocks = getStockData();
13            for(StockInfo si:stocks)
14                if(si.getLocationNo().equals(s.getLocationNo())&&si.getMaterialName().equals(si.getMaterialName())){
15                    si.setStock(s.getStock());
16                    s=null;
17                    break;
18                }
19            if(s!=null)
20                stocks.add(s);
21            addStockData(stocks);
22       }
23       public void addString(String key,String val){
24            editor.putString(key,val);
25            editor.commit();
26       }
27       public String getString(String key){
28            String s = myp.getString(key,"");
29            return s==null?"":s;
30       }
31
32       public void addStockData(List<StockInfo> list){
33            JsonConvUtil jsonConvUtil = new JsonConvUtil();
34            try{
35                String data = jsonConvUtil.getArrayString(list);
36                editor.putString("stockData",data);
37                editor.commit();
38            }catch (IllegalAccessException e){
39                e.printStackTrace();
40            }catch (JSONException e){
41                e.printStackTrace();
```

```
42          }
43      }
44      public void addLocationInData(List<LocationIn> list){
45          JsonConvUtil jsonConvUtil = new JsonConvUtil();
46          try {
47              String data = jsonConvUtil.getArrayString(list);
48              editor.putString("locationInData",data);
49              editor.commit();
50          } catch (IllegalAccessException e){
51              e.printStackTrace();
52          } catch (JSONException e){
53              e.printStackTrace();
54          }
55      }
56      public StockInfo getStockData(String lno,String mno){
57          List<StockInfo> stockInfos = getStockData();
58          for(StockInfo s:stockInfos){
59              if(s.getLocationNo().equals(lno)&&s.getMaterialNo().equals(mno))
60                  return s;
61          }
62          StockInfo stockInfo =new StockInfo();
63
64          stockInfo.setLocationNo(lno);
65          stockInfo.setWarehouseNo("D1");
66          stockInfo.setMaterialNo(mno);
67          return stockInfo;
68      }
69      public List<StockInfo> getStockData(){
70          stockDatas=myp.getString("stockData","");
71          List<StockInfo> list = new ArrayList<>();
72          try {
73              JSONArray jArray = new JSONArray(stockDatas);
74              for(int i=0;i<jArray.length();i++){
75                  JSONObject object = jArray.getJSONObject(i);
76                  StockInfo stockInfo = new StockInfo();
```

```
77              stockInfo.setWarehouseNo(object.getString("warehouseNo"));
78              stockInfo.setLocationNo(object.getString("locationNo"));
79              stockInfo.setMaterialName(object.getString("materialName"));
80              stockInfo.setMaterialNo(object.getString("materialNo"));
81              stockInfo.setStock(object.getInt("stock"));
82              stockInfo.setVolume(object.getInt("volume"));
83              list.add(stockInfo);
84          }
85      } catch (JSONException e) {
86          e.printStackTrace();
87      }
88      return list;
89  }
90 }
```

（1）第2—5行代码定义了数据存储工具类的4个成员变量，具体含义见表4.6。

表4.6 SharedDataUtil 类成员变量及含义

成员变量	含义
myp	SharedPreferences 类对象，用于读取数据
con	Context 上下文对象，用于加载应用程序需要的一些资源
editor	Editor 类对象，用于保存数据
stockDatas	临时存放从 SharedPreferences 类中获取的 JSON 数据

（2）第6—10行代码定义了 SharedDataUtil 类的构造方法，这个构造方法有一个参数，即 Context c，把上下文作为参数进行传递。在这个构造方法中，分别对 con、myp 和 editor 3个成员变量进行了赋值。

（3）第11行代码在该类中编写了 addData 方法，主要功能是对库位详情界面中对应物料名称的库存容量进行更新。该方法中有一个参数，即"StockInfo s"，将库位详情实体类作为参数进行传递。在入库界面和出库界面的功能实现代码中使用到该方法，因为这两个界面会进行物料的存放和支出管理。

（4）第12行代码从数据存储类 SharedPreferences 类中获取之前保存的库位详情实体类数据集合。

（5）第13—18行代码在库位详情实体类数据集合即"stocks 变量"中，根据库位号和物料名称两个条件，在 stocks 集合中进行查找。如果找到，更新库位详情实体类对应的库存数量。

（6）第19—20行代码，如果在历史库位详情实体类集合中没有找到库位号和物料名称，就直接将库位详情实体类对象添加到集合中。

（7）第21行代码调用类成员addStockData方法，将库位详情实体类数据集合保存在SharedPreferences存储类中。

（8）第23—26行代码定义了addString方法，主要功能是保存字符串格式的数据到SharedPreferences存储类中。其中有两个参数，分别是String key和String val，其中key为键名称，val为键对应的值。

（9）第27—30行代码定义了getString方法，主要功能是从SharedPreferences存储类中，根据键名称，获取对应的字符串值，并将该字符串进行返回。

（10）第32行代码定义了addStockData方法，主要功能是将库位详情实体类集合先转换成JSON字符串，然后将字符串保存在SharedPreferences存储类中。其中一个参数List<StockInfo> list将库位详情实体类集合作为参数传递过来。

> 小提示：SharedPreferences存储类中，保存库位详情实体类的JSON字符串，对应的键名称为StockData。

（11）第35—37行代码调用之前JsonConvUtil类中定义的getArrayString方法，将List数据集合转换为JSON格式的字符串数据；然后使用类成员变量editor中的putString方法，将JSON字符串进行保存；然后再使用editor中commit方法，将数据进行提交。

（12）第38—42行代码在addStockData方法中，通过try catch语句，会检测两个异常。第一个是IllegalAccessException异常，表示没有访问权限异常；第二个是JSONException异常，表示JSON格式转换异常。

（13）第44—55行代码定义了addLocationInData方法，主要功能是将入库信息实体类集合先转换成JSON字符串，然后将字符串保存在SharedPreferences存储类中。其中一个参数，即List<LocationIn> list，将入库信息实体类集合作为参数传递过来。

> 小提示：SharedPreferences存储类中，保存入库信息实体类的JSON字符串，对应的键名称为"locationInData"。

（14）第56行代码定义了getStockData方法，有两个参数，即String lno和String mno，其中lno表示库位号，mno表示物品编号。该方法主要功能是根据库位号和物品编号两个条件，查询SharedPreferences存储类中保存的库位详情实体类集合，在该集合中找到满足条件的库位详情实体类对象，并将该对象返回。

（15）第58—61行代码根据库位号和物品编号两个条件，在库位详情实体类集合中进行查找。如果找到，返回集合中对应的对象。

（16）第62—67行代码，如果没有找到，实例化库位详情实体类，并对该类中的库位号和物品编号赋值，然后返回该对象。

（17）第69—89行代码也是定义getStockData方法，不过该方法没有参数。主要功能是将SharedPreferences存储类中保存的库位详情实体类集合JSON格式字符串，转化为库位详情实体类，也就是StockInfo类，然后添加进List集合中，将多个库位详情实体类保存，再返回该集合。

该程序段对应的八个成员方法的详细说明，见表4.7—表4.14。

表 4.7　addData 函数

函数名	addData
函数原型	public void addData(StockInfo s)
功能描述	对库位详情界面中对应物料名称的库存容量进行更新
入口参数	s:库位详情实体类对象
返回值	无
注意事项	无

表 4.8　addString 函数

函数名	addString
函数原型	public void addString(String key,String val)
功能描述	保存字符串格式的数据到 SharedPreferences 存储类中
入口参数	key:保存在 SharedPreferences 类中的键名称 val:SharedPreferences 类中键名称对应的值
返回值	无
注意事项	无

表 4.9　getString 函数

函数名	getString
函数原型	public String getString(String key)
功能描述	从 SharedPreferences 存储类中,根据键名称,获取出对应的字符串值,并将该字符串进行返回
入口参数	key:保存在 SharedPreferences 类中的键名称
返回值	键名称对应的字符串数据
注意事项	无

表 4.10　addStockData 函数

函数名	addStockData
函数原型	public void addStockData(List<StockInfo> list)
功能描述	将库位详情实体类集合先转换成 JSON 字符串,然后将字符串保存在 SharedPreferences 存储类中
入口参数	list:库位详情实体类集合对象
返回值	无
注意事项	无

表 4.11 addLocationInData 函数

函数名	addLocationInData
函数原型	public void addLocationInData(List<LocationIn> list)
功能描述	将入库信息实体类集合先转换成 JSON 字符串,然后将字符串保存在 SharedPreferences 存储类中
入口参数	list:入库信息实体类集合对象
返回值	无
注意事项	无

表 4.12 addLocationOutData 函数

函数名	addLocationOutData
函数原型	public void addLocationOutData(List<LocationOut> list)
功能描述	将出库信息实体类集合先转换成 JSON 字符串,然后将字符串保存在 SharedPreferences 存储类中
入口参数	list:出库信息实体类集合对象
返回值	无
注意事项	无

表 4.13 getStockData 函数(两个参数)

函数名	getStockData
函数原型	public StockInfo getStockData(String lno,String mno)
功能描述	根据库位号和物品编号两个条件,查询 SharedPreferences 存储类中保存的库位详情实体类集合,在该集合中找到满足条件的库位详情实体类对象,并将该对象返回
入口参数	lno:库位号 mno:物品编号
返回值	库位详情实体类对象
注意事项	无

表 4.14 getStockData 函数(没有参数)

函数名	getStockData
函数原型	public List<StockInfo> getStockData()
功能描述	将 SharedPreferences 存储类中保存的库位详情实体类集合 JSON 格式字符串,转化为库位详情实体类,也就是 StockInfo 类,然后添加进 List 集合中,将多个库位详情实体类保存,然后返回该集合
入口参数	无

续表

函数名	getStockData
返回值	库位详情实体类集合对象
注意事项	无

知识链接

1) SharedPreferences 的概念

在 Android 操作系统中怎样保存参数配置信息和一些轻量级数据呢？这里，我们可以使用 Android 操作系统提供的一个轻量级的存储类 SharedPreferences 来保存应用的参数配置信息和一些轻量级数据。

SharedPreferences 提供了 java 常规的 long,int,String 等类型数据的保存接口，最终把保存的数据以 XML 格式保存在移动设备的内存中。在智能仓储的出库界面中，出库列表中的信息，包括库位、物料号、物料名、入库数量等，就可以通过 SharedPreferences 类进行保存。在 Android 开发系统中，这些信息一般都是来自自定义实体类，但 SharedPreferences 只能存储 string,int,float,long 和 boolean 5 种数据类型。如果需要存取比较复杂的数据类型，比如类或者图像，则需要对这些数据进行编码。

2) SharedPreferences 操作模式

SharedPreferences 操作模式用于指定目标访问应用程序的访问模式。SharedPreferences 提供了 4 种操作模式，见表 4.15。在创建 SharedPreferences 实例对象时，要指定目标访问应用程序的访问模式，一般情况下使用 MODE_PRIVATE 访问本应用程序，保存入库信息实体类使用的就是该操作模式。

表 4.15 SharedPreferences 操作模式

操作模式	说明
Context.MODE_PRIVATE	为默认操作模式，代表该文件是私有数据，只能被应用本身访问，在该模式下，写入的内容会覆盖原文件的内容
Context.MODE_APPEND	模式会检查文件是否存在，存在就往文件追加内容，否则就创建新文件
Context.MODE_WORLD_READABLE	表示当前文件可以被其他应用读取
Context.MODE_WORLD_WRITEABLE	表示当前文件可以被其他应用写入

3) SharedPreferences 常用方法

完成入库界面中的入库信息实体类的数据保存和读取，还需要熟悉和使用 SharedPreferences 类提供的常用方法，见表 4.16。

表 4.16　SharedPreferences 常用方法

常用方法	说明
Editor putString(String key, String value)	根据 key 存入对应的 String 类型值
Editor putInt(String key, int value)	根据 key 存入对应的 int 类型值
Editor putLong(String key, long value)	根据 key 存入对应的 long 类型值
Editor putFloat(String key, float value)	根据 key 存入对应的 float 类型值
Editor putBoolean(String key, boolean value)	根据 key 存入对应的 boolean 类型值
Editor clear()	清空所有保存在 SharedPreferences 中的数据
Editor edit()	获取用于修改 SharedPreferences 对象设定值的接口引用
boolean commit()	提交需要保存的数据,保存成功,返回 true;保存失败,返回 false
String getString(String key, String defValue)	根据 key,读取一个 String 类型的值,如果读取失败,则会由 defValue 指定一个默认返回值
int getInt(String key, int defValue)	根据 key,读取一个 int 类型的值,如果读取失败,则会由 defValue 指定一个默认返回值
long getLong(String key, long defValue)	根据 key,读取一个 long 类型的值,如果读取失败,则会由 defValue 指定一个默认返回值
float getFloat(String key, float defValue)	根据 key,读取一个 float 类型的值,如果读取失败,则会由 defValue 指定一个默认返回值
boolean getBoolean(String key, boolean defValue)	根据 key,读取一个 boolean 类型的值,如果读取失败,则会由 defValue 指定一个默认返回值

从表 4.16 可以看出,SharedPreferences 类保存数据使用 put 方法。其中,Editor 是 SharedPreferences 类里面的一个接口,这个接口提供了写入方法,可以把数据以 key/value 的形式写入 XML 文件中。但要注意的是,一定要调用 commit 方法提交需要保存的数据。

> 小提示:把数据放入 SharedPreferences 类后,一定要调用 commit 方法把数据提交到 XML 文件中。

SharedPreferences 类读取数据使用 get 方法,比如 getString(String key, String defValue)方法,其中 key 代表 key/val 键值对中的键名称,defValue 代表如果读取 key/value 键值对失败时,则使用 defValue 代表默认返回值,保证程序的正常运行。

4)SharedPreferences 使用步骤

使用 SharedPreferences 保存和获取数据的大致步骤如下。

(1)通过 Context 上下文获取 SharedPreferences 实例对象,参考代码如下。

　　myp = con.getSharedPreferences("stock",Context.MODE_PRIVATE)

其中,"myp"为 SharedPreferences 对象实例;"stock"为保存数据的文件名字,文件格式以.xml结尾,比如这里使用SharedPreferences类保存的文件名为stock.xml;"Context.MODE_PRIVATE"为默认操作模式,代表该文件是私有数据。

(2)通过SharedPreferences对象获取Editor对象,参考代码如下。

　　editor = myp.edit()

其中,"editor"为Editor对象实例。

(3)通过Editor对象保存数据,参考代码如下。

　　editor.putString("locationOutData",data)

其中,"locationOutData"为键名称,"data"为要保存的字符串数据。

(4)通过Editor对象的commit方法提交数据,参考代码如下。

　　editor.commit()

(5)通过SharedPreferences对象获取数据,参考代码如下。

　　stockDatas=myp.getString("locationOutData","")

其中,"stockDatas"为获取的字符串数据,"myp"为SharedPreferences对象实例,"locationOutData"为key值,""为当数据获取失败时,返回的默认数据,空字符串。

4.2.4 显示来料入库清单

本节任务将在物品入库活动LocationInActivity中,完善物料入库信息界面,用ListView实现来料数据的列表显示。ListView属于适配器控件,适配器控件的特点是由数据内容来决定控件大小,它通过适配器将数据绑定到控件中,实现界面效果。因此,在使用ListView的时候需要与适配器配合使用。本任务将按以下步骤来完成来料入库清单展示。

显示来料入库清单

- 创建子项模板布局
- 实现适配器
- 数据初始化并传入
- 初始化适配器对象和ListView对象

> 小提示:由于没有服务器来料入库数据的接口,第三步中"数据初始化"通过模拟数据的方式进行实现,此处仅为安卓端做入库数据的列表呈现。逻辑不严密之处,读者不必细究。

1)创建子项模板布局

在项目res/layout下创建布局文件"location_in_item.xml",完成如下代码。

```
1  <?xml version="1.0" encoding="utf-8"?>
2  <LinearLayout xmlns:android="http://schemas.android.com/apk/res/android"
3      android:layout_width="match_parent"
4      android:orientation="horizontal"
5      android:gravity="center"
```

```
6          android:layout_height="40dp">
7          <TextView
8              android:layout_width="0dp"
9              android:layout_weight="1"
10             android:layout_height="40dp"
11             android:id="@+id/lin_location_no"
12             android:gravity="center"
13             android:text="库位"></TextView>
14         <TextView
15             android:layout_width="0dp"
16             android:layout_weight="2"
17             android:layout_height="40dp"
18             android:id="@+id/lin_material_no"
19             android:gravity="center"
20             android:text="物料号"></TextView>
21         <TextView
22             android:layout_width="0dp"
23             android:layout_weight="2"
24             android:layout_height="40dp"
25             android:gravity="center"
26             android:id="@+id/lin_material_name"
27             android:text="物料名"></TextView>
28         <TextView
29             android:layout_width="0dp"
30             android:layout_weight="1"
31             android:layout_height="40dp"
32             android:id="@+id/lin_material_count"
33             android:gravity="center"
34             android:text="入库数量"></TextView>
35     </LinearLayout>
```

布局文件 location_in_item.xml 根布局使用线性布局,对齐方式为水平摆放控件,在该布局下放置了 4 个文本控件,分别用于呈现库位、物料号、物料名、入库数量信息;Android Studio 中布局文件切换到 Design 模式,布局效果如图 4.9 所示。

| 库位 | 物料号 | 物料名 | 入库数量 |

图 4.9　布局效果图

2) 实现适配器

展开项目包路径 com. example. smartstorage. adapter(若 adapter 不存在,可在包路径 com. example. smartstorage 下单击右键,通过 New→Package 完成包创建,包名"adapter"),创建自定义适配器类 LocationInListAdapter,继承 BaseAdapter,代码如下。

```
1    public class LocationInListAdapter extends BaseAdapter {
2    }
```

在 LocationInListAdapter 中,通过代码提示功能生成 BaseApdapter 未实现的方法 getCount( ),getItem( ),getItemId( ),getView( )等,代码如下。

```
1    public class LocationInListAdapter extends BaseAdapter {
2        Context con;
3        List<LocationIn> datas = new ArrayList( );
4        public LocationInListAdapter( Context con, List datas) {
5            this. con = con;
6            this. datas = datas;
7        }
8        @Override
9        public int getCount( ) {
10            return datas. size( );
11        }
12        @Override
13        public Object getItem( int i) {
14            return datas. get(i);
15        }
16        @Override
17        public long getItemId( int i) {
18            return i;
19        }
20        @Override
21        public View getView( int i, View view, ViewGroup viewGroup) {
22            return null;
23        }
24    }
```

(1)第 1 行代码继承 BaseAdapter,BaseAdapter 为适配器的抽象类,继承 BaseAdapter 的类需要对 getCount( ),getItem( ),getItemId( ),getView( )方法进行重写,否则运行报错。

(2)第 2—3 行代码分别定义上下文对象 con 和 List 集合对象 datas,装载数据类型为 LocationIn。前面我们完成了 LocationIn 实体类的创建,该实体类中包含了 locationNo(库位号),materialNo(物料号),materialName(物料名称),count(入库数量)等信息。

(3)第4—7行代码为LocationInListAdapter的构造方法,该方法完成对Context对象和List对象的实例化。

(4)第8—11行代码getCount( )返回数据的条数,第13—14行代码getItem( )返回每个位置的数据,第17—19行为每个子项进行编号。

(5)第21—23行代码方法getView,ListView要求适配器"给我一个视图",此方法根据给定的位置"i",返回每个位置的布局对象,将返回的布局对象按顺序填充进ListView中,从而实现列表的可视化效果;第一个参数"i"为当前所处位置,第二个参数view为当前位置"i"的布局对象。如果适配器没完成该位置的布局,view将为空。此方法中需对模板界面实例化,根据给出数据进行界面初始化和返回。

在LocationInListAdapter类中完善getView方法,该方法中添加以下代码。

```
1    public View getView(int i, View view, ViewGroup viewGroup){
2        if(view ==null){
3            view = LayoutInflater.from(con).inflate(R.layout.location_in_
                   item,null);
4        }
5        LocationIn map = (LocationIn)datas.get(i);
6        TextView lTv =view.findViewById(R.id.lin_location_no);
7        TextView mnTv = view.findViewById(R.id.lin_material_name);
8        TextView mnoTv = view.findViewById(R.id.lin_material_no);
9        TextView mCountTv = view.findViewById(R.id.lin_material_count);
10       lTv.setText(map.getLocationNo());
11       mnTv.setText(map.getMaterialName());
12       mnoTv.setText(map.getMaterialNo());
13       mCountTv.setText(map.getCount()+"");
14       view.setTag(map);
15       return view;
16   }
```

(1)第2—4行代码为view对象实例化,实例化后的控件对象将返回(见第15行),作为当前子项位置的布局效果。

(2)第5行代码从list中第i个位置获取LocationIn类型数据对象,该数据将用于初始化控件当前子项的库位号、物料号、物料名称、入库数量等文本控件的显示信息。

(3)第6—9行代码实例化控件对象,便于后续将数据设置到文本控件中。

(4)第10—13行代码为实例化的文本控件设置显示内容,内容为LocationIn对象的数据。

3)数据初始化

在入库界面LocationInActivity类中定义以下对象。

```
1    public class LocationInActivity extends AppCompatActivity {
2
3        ListView listView ;
4        LocationInListAdapter adapter;
5        SharedDataUtil sharedDataUtil;
6        List<LocationIn> datas = new ArrayList( );
7        // 省略其他代码……
8    }
```

(1)第3行代码定义列表控件对象 listView,展示入库列表的控件对象。
(2)第4行代码定义列表适配器对象,用于初始化列表控件和数据。
(3)第5行代码定义全局数据保存工具类。
(4)第6行代码定义入库信息实体类的列表对象 datas。

在 LocationInActivity 类的 onCreate 方法中,添加界面初始化方法 initView( )和数据初始化方法 initData( ),增加以下第3—5行和第7—8行代码。

```
1    protected void onCreate( Bundle savedInstanceState) {
2        super. onCreate( savedInstanceState) ;
3        requestWindowFeature( Window. FEATURE_NO_TITLE) ;
4        ActionBar actionBar = getSupportActionBar( ) ;
5        actionBar. hide( ) ;
6        setContentView( R. layout. activity_location_in) ;
7        initView( ) ;
8        initData( ) ;
9    }
```

initView 中完成对当前页面控件对象的实例化操作,主要完成对列表控件对象 listView 的初始化操作,通过 findViewById 实现。

```
private void initView( ) {
    listView = findViewById( R. id. listview_locationin) ;
}
```

在 initData 方法中,通过 fillData 方法完成4条数据的初始化。

```
1    private void initData( ) {
2        sharedDataUtil = new SharedDataUtil( this) ;
3        fillData( "001-00-01","000-001-01","小米手机", new Random( ). nextInt(30)) ;
4        fillData( "001-00-02","000-001-06","运动手表", new Random( ). nextInt(30)) ;
```

```
5    fillData("001-00-03","000-001-01","小米手机",new Random().
nextInt(30));
6    fillData("001-00-04","999-001-03","移动电源",new Random().
nextInt(30));
7    sharedDataUtil.addLocationInData(datas);
8  }
```

(1)第2行代码,sharedDataUtil 是自定义的一个数据存取对象,通过该对象可实现对象数据的存储和取出。前面我们了解到 SharedPreferences 只能做简单类型数据的存取,无法对实体类进行数据存取,SharedDataUtil 通过将实体类转成 JSON 字符串后可实现对实体或 List 列表数据的存储和获取。

(2)第3—6行代码,fillData 方法用于向列表对象 datas 中加入入库物料数据的初始化,此方法中在入库数量表示时采用了随机数(小于30),一共生成了4条数据。

```
1  public void fillData(String lNo,String mNo,String mName,Integer count){
2    LocationIn lin = new LocationIn();
3    lin.setLocationNo(lNo);
4    lin.setMaterialName(mName);
5    lin.setMaterialNo(mNo);
6    lin.setCount(count);
7    datas.add(lin);
8  }
```

(3)第7行代码将来料数据存储,确保弹框操作后数据能实时更新显示。

4)初始化适配器对象和 ListView 对象

在上一步 initView 方法中已经完成了 ListView 控件的实例化,在 initData 方法中生成模拟数据。新增代码如第8~9行所示。

```
1  private void initData(){
2    sharedDataUtil = new SharedDataUtil(this);
3    fillData("001-00-01","000-001-01","小米手机", new Random().nextInt
(30));
4    fillData("001-00-02","000-001-06","运动手表",new Random().nextInt
(30));
5    fillData("001-00-03","000-001-01","小米手机",new Random().nextInt
(30));
6    fillData("001-00-04","999-001-03","移动电源",new Random().nextInt
(30));
7    sharedDataUtil.addLocationInData(datas);
```

```
8    adapter = new LocationInListAdapter(this,datas);
9    listView.setAdapter(adapter);
10   }
```

其中,第 8 行代码初始化适配器对象,第 9 行代码将实例化好的适配器设置到 ListView 中。

运行程序,执行效果如图 4.10 所示。

物品入库			
入库列表			
库位	物料号	物料名	入库数量
001-00-01	000-001-01	小米手机	11
001-00-02	000-001-06	运动手表	20
001-00-03	000-001-01	小米手机	11
001-00-04	999-001-03	移动电源	28

图 4.10　来料入库列表显示效果图(4 条数据)

知识链接

适配器控件 ListView 的使用。
具体步骤,请扫描二维码查看。

BaseAdapter 适配器

ArrayAdapter 适配器

SimpleAdapter 适配器

4.2.5　实现来料入库功能

实现来料入库

本节任务在来料入库清单显示的基础上(LocationInActivity 中),实现选择来料入库清单,根据当前库位情况和入库物料信息,实现物料的入库功能,更新物料库存数据。

在选择某项物料信息进行入库时,用户首先需选择 ListView 列表中的某条数据,根据弹框提示进行入库操作。用户确认数量提交后,App 更新数据。实现这些功能包含的步骤如下。

- 为 ListView 添加 OnItemClickListener 单击事件
- 自定义弹出框类,实现弹框功能
- 实例弹出框对象,传入数据

1)为 ListView 添加 OnItemClickListener 单击事件

(1)在 LocationInActivity 类的 initView 中设置 listView 的子项单击事件监听器,设置的接口类型 OnItemClickListener,代码如下。

```
1 private void initView() {
2     listView = findViewById(R.id.listview_locationin);
3     listView.setOnItemClickListener(listClickListener);
4 }
```

listClickListener 定义 OnItemClickListener 对象,它实现了 OnItemClickListener 接口中的抽象方法 onItemClick。当单击 ListView 的子 item 后,程序会执行 onItemClick 方法。

(2)在 LocationInActivity 类中找到定义成员变量或方法的位置,定义 OnItemClickListener 的匿名类,实现代码如下。

```
1 AdapterView.OnItemClickListener listClickListener = new
2 AdapterView.OnItemClickListener() {
3     @Override
4     public void onItemClick(AdapterView<?> adapterView, View view, int i,
         long l)
5     {
6         LocationIn selData = (LocationIn)view.getTag();
7     }
8 };
```

小提示:以上代码中通过将实体数据绑定控件 Item 的 tag 中,当单击某个 item 后,就可以直接从当前的 view 中获取 tag,将 tag 强转成 LocationIn 对象,即可获取到当前选中的数据,在接下来弹出框时就可以展示当前的数据了。

onItemClick 方法中,有 4 个参数。第一个参数为当前适配器控件对象(只带ListView),第二个参数为当前单击的子项对应的视图布局对象,第三个参数为在适配器里的位置(生成 Listview 时,适配器装载列表项 item,然后依次按顺序排队,再放入Listview 中),第四个参数为在 ListView 中的位置的值,一般和第三个参数 i 的值相同。

完成子项单击的监听后,接下来需要实现弹框提示的功能,该功能在 onItemClick 方法中进行实现。

2)自定义弹出框类,实现弹框功能

(1)在默认包路径下右键 New→Package,包名为 dialog,在 dialog 下创建 LocationInDialog。该类为自定义 Dialog 类,继承自 AlertDialog。

AlertDialog 类也具备自己的生命周期,在启动后将自动调用 onCreate(),初始化操作需在 onCreate 方法中完成,代码如下。

```
1 public class LocationInDialog extends AlertDialog {
2     Context con;
```

```
3    Button okButton,cancelButton;
4    EditText countEt;
5    LocationIn data;
6    LocationInActivity locationInActivity;
7    public void setLocationInActivity(LocationInActivity
         locationInActivity)
     {
8        this.locationInActivity = locationInActivity;
9    }
10   public LocationInDialog(Context context, LocationIn map){
11       super(context);
12       con = context;
13       data = new LocationIn(map);
14   }
15   @Override
16   protected void onCreate(Bundle savedInstanceState){
17       super.onCreate(savedInstanceState);
18   }
19   private  void initView(){
20   }
21   @Override
22   public void show(){
23   }
24   }
```

①第7—9行代码定义set方法,用于设置入库界面的LocationInActivity对象,用于调用更新界面的方法。

②第10—14行代码是构造方法,需初始化上下文Context的对象con和来料实体类LocationIn的对象data。con后续用于界面的初始化,data存的数据为当前选中的物料入库信息。

③第16—18行代码重写onCreate方法,AlertDialog提示框创建时会调用该方法,创建弹框时默认被调用,该方法用于实现弹框显示前需要的初始化操作。

④第19—20行代码定义initView方法,初始化弹框界面涉及数据改变的控件对象,在onCreate方法中被调用。

⑤第22—23行代码重写show方法。show方法为AlertDialog自带的方法,调用该方法后将显示弹框,弹框出现后的数据操作可在该方法中编写调用。

上述代码中,涉及LocationInDialog,setLocationInActivity,onCreate,initView,show 5个方法,方法解释见表4.17。

表4.17 LocationInDialog 方法清单

序号	方法名	返回类型	解释
1	LocationInDialog	构造方法	传入上下文 Context 的对象 con 和来料实体类 LocationIn 的对象 data，con 后续用于界面的初始化，data 存的数据为当前选中的物料入库信息
2	setLocationInActivity	无	设置入库主界面的 LocationInActivity 对象，用于调用更新界面的方法
3	onCreate	无	AlertDialog 自带的方法，创建弹框时默认被调用，该方法一般完成自定义弹框的界面设置
4	initView	无	初始化弹框界面的控件对象
5	show	无	AlertDialog 自带的方法，调用该方法后将显示弹框

（2）在 LocationInDialog 类中完善 onCreate 方法，设置当前弹框后加载的布局效果为 dialog_confirm_location_in 文件，代码如下。

```
1    protected void onCreate(Bundle savedInstanceState) {
2        super.onCreate(savedInstanceState);
3        View v = LayoutInflater.from(con).inflate(R.layout.dialog_confirm_location_in, null);
4        setContentView(v);
5        initView();
6    }
```

①第3行代码获取弹框的布局文件对象 LayoutInflater 为布局加载器，它的作用是从资源文件中加载布局文件，返回 View 类型。

②第4行代码将加载得到的布局对象设置给弹框对象作为界面布局。

③第5行代码初始化控件，界面中涉及对一些控件进行操作，通过调用 initView 方法，在 initView 方法中完成对这些控件的操作。

（3）对话框布局文件 dialog_confirm_location_in.xml 中，增加布局代码如下。

```
<?xml version="1.0" encoding="utf-8"?>
<LinearLayout xmlns:android="http://schemas.android.com/apk/res/android"
    android:layout_width="match_parent"
    android:orientation="vertical"
    android:layout_height="match_parent">
    <TextView
        android:id="@+id/loc_in_confirm_title"
        android:layout_width="match_parent"
        android:layout_height="56dp"
        android:background="#124B2C"
```

```xml
        android:text="确认入库信息"
        android:gravity="center"
        android:textColor="#DCE8FE"
        android:textSize="24dp"
        ></TextView>
    <LinearLayout
        android:layout_width="match_parent"
        android:layout_height="35dp"
        android:layout_marginTop="20dp"
        android:orientation="horizontal">
        <TextView
            android:layout_width="0dp"
            android:layout_weight="1"
            android:gravity="center"
            android:text="库位号"
            android:layout_height="40dp" />
        <TextView
            android:id="@+id/loc_in_confirm_location_no"
            android:layout_width="0dp"
            android:layout_weight="2"
            android:textSize="18dp"
            android:text="001-00-001"
            android:textColor="#89D77E"
            android:layout_height="40dp"/>
    </LinearLayout>
    <LinearLayout
        android:layout_width="match_parent"
        android:layout_height="35dp"
        android:layout_marginTop="10dp"
        android:orientation="horizontal">
        <TextView
            android:layout_width="0dp"
            android:layout_weight="1"
            android:gravity="center"
            android:text="物料号"
            android:layout_height="40dp" />
        <TextView
```

```xml
            android:id="@+id/loc_in_confirm_material_no"
            android:layout_width="0dp"
            android:layout_weight="2"
            android:textColor="#89D77E"
            android:textSize="18dp"
            android:text="001-00-001"
            android:layout_height="40dp"/>
    </LinearLayout>
    <LinearLayout
        android:layout_width="match_parent"
        android:layout_height="35dp"
        android:layout_marginTop="10dp"
        android:orientation="horizontal">
        <TextView
            android:layout_width="0dp"
            android:layout_weight="1"
            android:gravity="center"
            android:text="库存量"
            android:layout_height="40dp" />
        <TextView
            android:id="@+id/loc_in_confirm_stock"
            android:layout_width="0dp"
            android:layout_weight="2"
            android:textColor="#89D77E"
            android:textSize="18dp"
            android:text="001-00-001"
            android:layout_height="40dp"/>
    </LinearLayout>
    <LinearLayout
        android:layout_width="match_parent"
        android:layout_height="35dp"
        android:layout_marginTop="10dp"
        android:paddingRight="30dp"
        android:orientation="horizontal">
        <TextView
            android:layout_width="0dp"
            android:layout_weight="1"
```

```xml
        android:gravity="center"
        android:text="数量"
        android:layout_height="40dp" />
    <EditText
        android:id="@+id/loc_in_confirm_count"
        android:layout_width="0dp"
        android:inputType="number"
        android:layout_weight="2"
        android:layout_height="40dp"
        android:hint="输入入库数量">
    </EditText>
    <Button
        android:id="@+id/button_del_count"
        android:layout_width="50dp"
        android:layout_height="wrap_content"
        android:text="-"/>
    <Button
        android:id="@+id/button_add_count"
        android:layout_width="50dp"
        android:layout_height="wrap_content"
        android:text="+"/>
</LinearLayout>
<LinearLayout
    android:layout_width="match_parent"
    android:layout_height="70dp"
    android:layout_marginTop="20dp"
    android:paddingRight="20dp"
    android:paddingLeft="30dp"
    android:paddingBottom="20dp"
    android:orientation="horizontal">
    <Button
        android:gravity="center"
        android:text="取消"
        android:id="@+id/loc_in_confirm_cancel"
        android:layout_weight="1"
        android:textColor="#fff"
        android:background="@drawable/radius_button_s1"
```

```
                android:layout_marginLeft="10dp"
                android:layout_marginRight="10dp"
                android:layout_width="0dp"
                android:layout_height="wrap_content"/>
            <Button
                android:gravity="center"
                android:text="确认"
                android:textColor="#fff"
                android:id="@+id/loc_in_confirm_ok"
                android:layout_weight="1"
                android:layout_marginLeft="10dp"
                android:layout_marginRight="10dp"
                android:background="@drawable/radius_button_s3"
                android:layout_width="0dp"
                android:layout_height="wrap_content"/>
        </LinearLayout>
    </LinearLayout>
```

上述 radius_button_s1 和 radius_button_s3 是实现单击效果的文件，需从资源包"/03_图像资源"中进行拷贝，放到 drawble 目录下。

（4）在 LocationInDialog 类中新增 initView 方法，实现控件的实例化、确定/取消按钮、数量增加/减少数量按钮的单击事件设置，代码如下。

```
1   private  void initView() {
2       TextView titleView = findViewById(R.id.loc_in_confirm_title);
3       titleView.setText("确认入库信息");
4       cancelButton = findViewById(R.id.loc_in_confirm_cancel);
5       okButton = findViewById(R.id.loc_in_confirm_ok);
6       TextView lnoTv = findViewById(R.id.loc_in_confirm_location_no);
7       TextView mnoTv = findViewById(R.id.loc_in_confirm_material_no);
8       lnoTv.setText(data.getLocationNo()+"");
9       mnoTv.setText(data.getMaterialNo()+"");
10       countEt = findViewById(R.id.loc_in_confirm_count);
11       countEt.setText(data.getCount()+"");
12      Button addButton = findViewById(R.id.button_add_count)
13              ,delButton = findViewById(R.id.button_del_count);
14      addButton.setOnClickListener(new View.OnClickListener() {
15          @Override
16          public void onClick(View view) {
```

```
17            int stockCount = Integer.parseInt(data.getCount()+""), curCount = Integer.parseInt(countEt.getText()+"");
18            if(stockCount<++curCount){
19                --curCount;
20                Toast.makeText(con,"最大入库数不能大于"+curCount,Toast.LENGTH_LONG).show();
21            }
22            countEt.setText(curCount+"");
23        }
24    });
25    delButton.setOnClickListener(new View.OnClickListener(){
26        @Override
27        public void onClick(View view){
28            int curCount = Integer.parseInt(countEt.getText()+"");
29            if(--curCount<=0){
30                curCount = 0;
31                Toast.makeText(con,"最小入库数不能小于0",Toast.LENGTH_LONG).show();
32            }
33            countEt.setText(curCount+"");
34        }
35    });
36    cancelButton.setOnClickListener(new View.OnClickListener(){
37        @Override
38        public void onClick(View view){
39            cancel();
40        }
41    });
42    okButton.setOnClickListener(new View.OnClickListener(){
43        @Override
44        public void onClick(View view){
45            cancel();
46            int curCount = Integer.parseInt(countEt.getText()+"");
47            data.setCount(curCount);
48            locationInActivity.reSelData(data);
49        }
```

```
50        });
51 }
```

①第2—5行代码初始化确定按钮/取消按钮、物料编号文本显示、库位编号文本显示等四个控件对象。

②第6—9行代码初始化物料编号和库位编号文本框,从入库物料实体对象中,设置物料编号和库位编号到文本控件中。

③第10—11行代码实例化入库数量的编辑框,并对控件数量完成初始化。

④第12—13行代码对增加数量/减少数量的按钮进行实例化。

⑤第14—24行代码设置增加数量的单击监听,countEt为实际入库数量的输入框,最大数量不能超过本次来料数量。

⑥第25—35行代码实现减少数量的单击监听,最小入库数量不能小于0。

⑦第36—41行代码是取消按钮的单击监听。

⑧第42—50行代码是确定按钮的单击监听。响应方法中,对数据中的可入库库存量进行修改(因为入库过程中不一定一次完成对全部数量的物料入库),data为当前物料的实体对象。

LocationInActivity类中定义reSelData方法,用于刷新库存信息,代码如下。

```
public void reSelData(LocationIn data){
    for(LocationIn l:datas){
        if(l.getLocationNo().equals(data.getLocationNo())&&
            l.getMaterialNo().equals(data.getMaterialNo())){
            StockInfo stockInfo = sharedDataUtil.getStockData
            (l.getLocationNo(),l.getMaterialNo());
            stockInfo.setMaterialName(l.getMaterialName());
            stockInfo.setVolume(50);

            stockInfo.setStock(stockInfo.getStock()+data.getCount());
            sharedDataUtil.addData(stockInfo);

            l.setCount(l.getCount()-data.getCount());
            adapter.notifyDataSetChanged();
            Toast.makeText(getApplicationContext()," 入库成功,库存数据已刷新",
            Toast.LENGTH_SHORT).show();
        }
    }
}
```

(5)在LocationInDialog类的show方法中添加弹出框的参数设置信息,该方法为AlertDialog自带的方法,调用该方法将显示弹出框,代码如下。

```
1  public void show( ){
2      try {
3          super.show( );
4          WindowManager.LayoutParams layoutParams = getWindow( ).getAttributes( );
5          layoutParams.gravity = Gravity.CENTER;
6          layoutParams.format = PixelFormat.TRANSLUCENT;
7          layoutParams.width = 640;
8          layoutParams.height = 1000;
9          getWindow( ).setAttributes(layoutParams);
10     } catch ( Exception e) {
11         e.printStackTrace( );
12     }
13 }
```

①第 4 行代码获取窗口管理器的参数对象 LayoutParams，修改布局相关的参数都需要通过该对象实现。

②第 5 行代码设置窗体汇总内容的对齐方式，这里设置为居中。

③第 6 行代码设置格式支持透明度。

④第 7—8 行代码设置宽度和高度。

⑤第 9 行代码设置参数到当前窗口中。

3）实例弹出框对象，传入数据

在 LocationInActivity 类的列表子项单击回调方法 onItemClick 中，完善代码，实现单击来料数据后，显示弹出框，并加载当前被单击的来料数据信息，实现入库功能，代码如下。

```
1  public void onItemClick(AdapterView<? > adapterView, View view,
       int i, long l) {
2
3      LocationIn selData = (LocationIn)view.getTag( );
4      LocationInDialog dialog = new LocationInDialog(
       LocationInActivity.this, selData);
5      dialog.setLocationInActivity(LocationInActivity.this);
6      dialog.show( );
7  }
```

①第 3 行代码获取当前单击列表项对应的数据。

②第 4 行代码实例化弹框对象，用自定义的构造方法完成，该方法在上一步中有介绍。入参有两个参数，第一个是上下文对象，第二个是当前单击项的数据。

③第 5 行代码设置当前的活动对象，用于提交入库后刷新列表。

④第 6 行代码显示弹出框。

4)运行测试

运行程序,入库主界面中,"小米手机"来料数量 26 个,如图 4.11 所示;列表中单击该信息的子项,弹出确认入库信息提示框,修改输入数量为 2,如图 4.12 所示;单击"确认"按钮后,入库列表"小米手机"入库数量由 26 减少 2,最新入库数量更新为 24,如图 4.13 所示。

图 4.11　来料清单

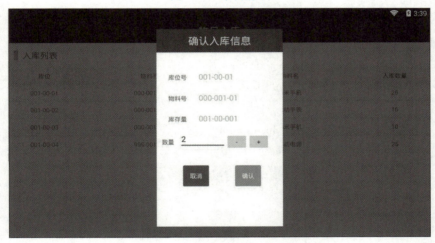

图 4.12　"小米手机"确认入库信息

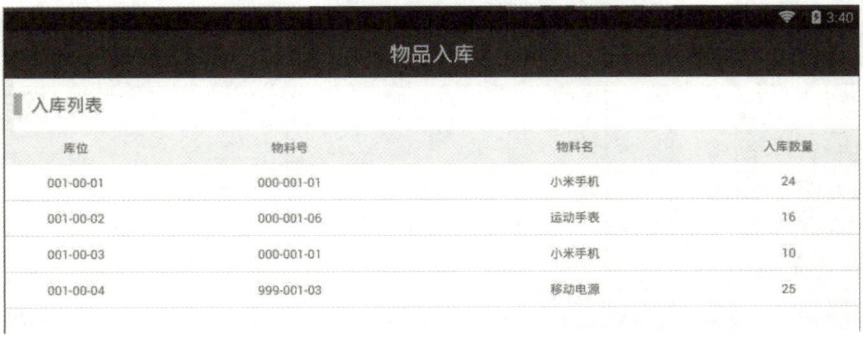

图 4.13　"小米手机"入库确认后信息

知识链接

ListView 的子项单击事件监听器 OnItemClickListener。
具体步骤,请扫描二维码查看。

4.2.6 完善库位详情界面

完善库位详情界面

来料入库功能实现后,在库位详情界面中,对应物料的库存信息将同步更新。库位详情界面在展示库存信息时,为了更直观地呈现数据,我们将使用 GridView(网格视图)进行展示。

GridView 属于适配器控件,它在给定模板上根据数据做相应内容的适配填充。和 ListView 呈现来料入库清单实现的使用过程类似,GridView 的使用分为以下 4 步。

- 子项模板布局制作
- 实现适配器
- 初始化 GridView 对象
- 为 GridView 设置适配器

1)创建子项模板布局

库位详情页面 activity_location_info.xml 中,在外层线性布局的最后子元素后,添加 GridView 的 XML 标签。XML 代码如下。

```
1  <GridView
2      android:id="@+id/gv_locationinfo"
3      android:layout_marginTop="10dp"
4      android:paddingTop="10dp"
5      android:paddingRight="10dp"
6      android:layout_width="match_parent"
7      android:layout_height="match_parent"
8      android:background="#fff"
9      android:numColumns="2"
10    ></GridView>
```

第 9 行代码的"android:numColumns"为 GridView 控件设置每行子项数量,该属性为 GridView 的属性。

创建 location_info_item.xml 布局文件,定义 GridView 的子 Item 的布局,整个布局使用线性布局。在线性布局中包含两个子控件的布局,分别是文本 TextView 布局和按钮 Button 布局,代码如下。

```
<LinearLayout xmlns:android="http://schemas.android.com/apk/res/android"
    android:layout_width="match_parent"
    android:orientation="vertical"
    android:paddingLeft="10dp"
```

```xml
    android:background="#fff"
    android:layout_height="match_parent">
    <LinearLayout
        android:layout_width="match_parent"
        android:layout_height="match_parent"
        android:paddingLeft="10dp"
        android:paddingTop="10dp"
        android:layout_marginTop="10dp"
        android:orientation="vertical"
        android:background="#EEEFF4">
        <TextView
            android:id="@+id/location_no"
            android:layout_width="match_parent"
            android:layout_height="40dp"
            android:text="L001-000-01"
            android:textSize="18sp"
            android:textColor="#42ACEC"
            ></TextView>
        <TextView
            android:id="@+id/location_mname"
            android:layout_width="match_parent"
            android:layout_height="40dp"
            android:text="小米手机"
            android:textSize="17sp"
            android:textColor="#4B6471"
            android:gravity="center"
            ></TextView>
        <LinearLayout
            android:layout_width="match_parent"
            android:layout_height="wrap_content"
            android:gravity="center"
            android:orientation="horizontal">
            <TextView
                android:layout_width="0dp"
                android:layout_weight="2"
                android:layout_height="40dp"
                android:text="库存(pcs)"
```

```xml
                ></TextView>
                <TextView
                    android:id="@+id/location_count"
                    android:layout_width="0dp"
                    android:layout_weight="2"
                    android:layout_height="40dp"
                    android:text="100 PCS"
                    android:layout_marginLeft="30dp"
                    android:textSize="17sp"
                    android:textColor="#0F4664"
                ></TextView>
        </LinearLayout>
        <LinearLayout
            android:layout_width="match_parent"
            android:layout_height="wrap_content"
            android:orientation="horizontal" >
            <TextView
                android:layout_width="0dp"
                android:layout_weight="2"
                android:layout_height="40dp"
                android:text="容量(pcs)"
            ></TextView>
            <TextView
                android:id="@+id/location_vol"
                android:layout_width="0dp"
                android:layout_weight="2"
                android:layout_height="40dp"
                android:text="100 "
                android:layout_marginLeft="30dp"
                android:textSize="17sp"
                android:textColor="#0F4664"
            ></TextView>
        </LinearLayout>
    </LinearLayout>
</LinearLayout>
```

上述 XML 代码为 GridView 每个子项的布局代码,布局效果如图 4.14 所示。

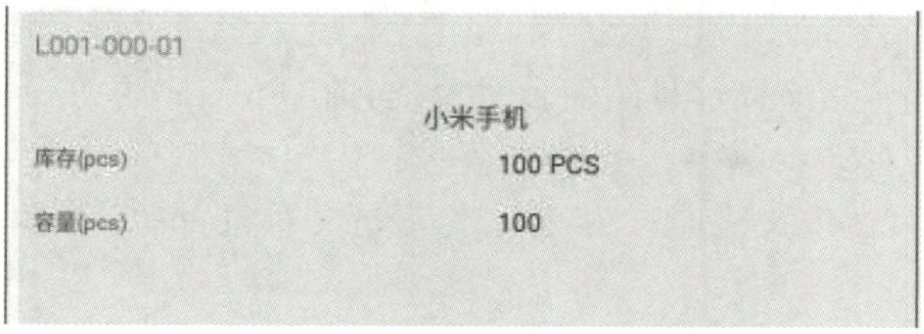

图 4.14　子项布局效果图

2）实现适配器

完成以上两个布局的定义后，接下来需要实现 GridView 初始化和数据适配功能。在项目的 com. example. smartstorage. adapter 包中，定义适配器类 LocationGridAdapter。和前面 ListView 中使用的自定义适配器一样，LocationGridAdapter 继承自 BaseAdapter，利用代码提示功能生成未实现方法 getCount( )、getItem( )、getItemId( )、getView( )等。

```
1   public class LocationGridAdapter extends BaseAdapter {
2       Context con;
3       List<StockInfo> data;
4       public LocationGridAdapter(Context con, List data) {
5           this.con = con;
6           this.data = data;
7       }
8       @Override
9       public int getCount() {
10          return data.size();
11      }
12      @Override
13      public Object getItem(int i) {
14          return data.get(i);
15      }
16      @Override
17      public long getItemId(int i) {
18          return i;
19      }
20      @Override
21      public View getView(int i, View view, ViewGroup viewGroup) {
22
23          return view;
24      }
25   }
```

（1）第 2 行代码定义上下文 Context 的对象 con，用于初始化 LayoutInflater 对象，获取布局界面的对象。

（2）第3行代码定义库存信息的列表对象，当前 GridView 中展示的库存数据均存储在 List<StockInfo> 的对象 data 中。

（3）第4—7行代码定义构造方法，完成对上下文对象 con 和数据列表对象 data 的实例化。

（4）第9—11行代码的 getCount 方法返回数据项的个数，这里的返回值决定 GridView 的子项 Item 个数。

（5）第13—15行代码的 getItem 方法返回每个位置的数据。

（6）第21—24行代码的 getView 返回每个给定位置的布局 View。

在 getView 方法中初始化 GridView 子布局中的各个子控件，用于设置数据，包括库位号、物料号、库存数量、容量等信息的文本控件的数据设置，代码如下。

```
1    public View getView(int i, View view, ViewGroup viewGroup){
2        if(view==null){
3            view = LayoutInflater.from(con).inflate(R.layout.location_info_item,null);
4        }
5        final StockInfo stockInfo = data.get(i);
6        TextView lTv = view.findViewById(R.id.location_no);
7        TextView mnTv = view.findViewById(R.id.location_mname);
8        TextView countTv = view.findViewById(R.id.location_count);
9        TextView volTv = view.findViewById(R.id.location_vol);
10       lTv.setText(stockInfo.getLocationNo());
11       mnTv.setText(stockInfo.getMaterialName());
12       countTv.setText(stockInfo.getStock()+"");
13       volTv.setText(stockInfo.getVolume()+"");
14
15       return view;
16   }
```

3）初始化 GridView 对象

在 LocationInfoActivity 类中添加以下对象的定义，代码如下。

```
GridView gvLocationInfo;
SharedDataUtil sharedDataUtil;
List<StockInfo> datas;
LocationGridAdapter lInfoAdapter;
```

在 LocationInfoActivity 类中定义 initView 方法，从资源文件中实例化 GridView 对象，代码如下。

```
private void initView( ){
    gvLocationInfo = findViewById( R. id. gv_locationinfo) ;
}
```

小提示:gv_locationinfo 为 xml 标签中 GridView 的 id 属性值,这里 findViewById 方法对其对象化操作,赋值给 gvLocationInfo 对象。

4)为 GridView 设置适配器

在 LocationInfoActivity 类中定义 initData 方法,完成对适配器用到的库存数据做初始化。获取数据后,初始化适配器并将适配器设置到 GridView 的对象 gvLocationInfo 中。

```
1 private void initData( ){
2     sharedDataUtil = new SharedDataUtil( this) ;
3     datas = sharedDataUtil. getStockData( ) ;
4     lInfoAdapter = new LocationGridAdapter( this,datas) ;
5     gvLocationInfo. setAdapter( lInfoAdapter) ;
6 }
```

(1)第 2 行代码的 SharedDataUtil 为前面定义的轻量级存储 SharedPreferences 的自定义实现类,通过 SharedDataUtil,可以对实体或列表进行数据存储和获取。

(2)第 3 行代码从 SharedPreferences 中获取库存列表数据,该数据在入库时会更新。同理,做出库功能时,也在对该对象进行数据的更新。

(3)第 4 行代码通过上下文对象和列表对象实例化适配器。

(4)第 5 行代码将实例化的适配器对象放入 gvLocationInfo 中,gvLocationInfo 对应的控件将自动更新界面效果。

在 LocationInfoActivity 类的 onCreate 方法中完成对 initView 方法和 initData 的调用,程序运行效果如图 4.15 所示。

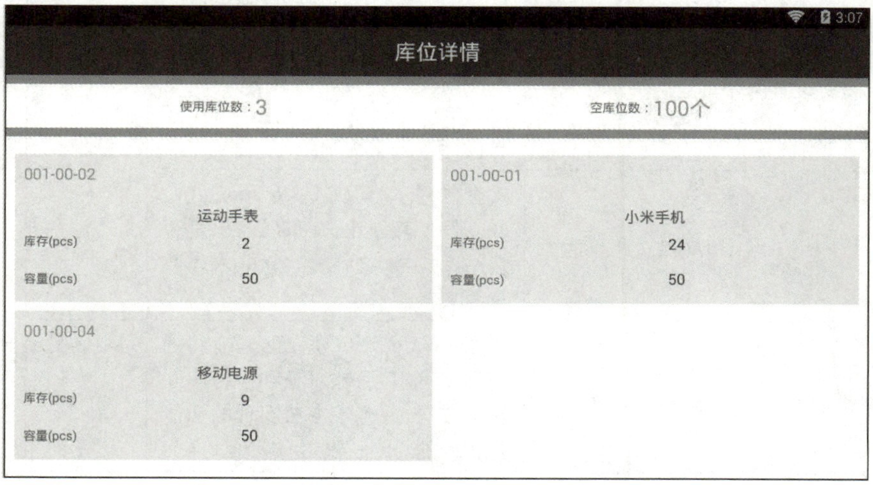

图 4.15 库位详情运行效果图

```
1  protected void onCreate( Bundle savedInstanceState) {
2      super. onCreate( savedInstanceState) ;
3      ActionBar actionBar = getSupportActionBar( ) ;
4      actionBar. hide( ) ;
5      setContentView( R. layout. activity_location_info) ;
6      initView( ) ;
7      initData( ) ;
8  }
```

4.3 任务检查

在完成入库界面及功能后,需要结合 checklist(表 4.18)对代码和功能进行走查,达到如下目的:

(1)确保在项目初期就能发现代码中的 BUG 并尽早解决。

(2)发现的问题可以与项目组成员分享,以免出现类似错误。

表 4.18　智能仓储入库功能 checklist

序号	检查项目	检查标准	学生自查	教师检查
1	入库布局界面是否完成注册	Androidmanifest. xml 中有包含 LocationInActivity 的活动信息注册,且该活动能被应用识别,不报错		
2	界面效果是否正确	LocationInActivity 的布局文件 activity_location_in 是否完成布局 XML 的编写,通过预览效果检查与设计效果是否一致		
3	ListView 的子项布局是否正确	检查子项布局文件 location_in_item 是否有创建,其布局效果是否包括库位号、物料号、名称、入库数量等文本控件		
4	JsonConvUtil 处理类是否正确	检查 JsonConvUtil 类是否具有将列表和字符串互转、对象和字符串互转的方法,并确定方法实现的功能是否正确的		

续表

序号	检查项目	检查标准	学生自查	教师检查
5	SharedDataUtil 处理类是否正确	SharedDataUtil 能否正确从 Shared-Preferences 中获取或取出 JSON 字符串数据,且 JSON 字符串数据能转为来料数据		
6	来料入库清单呈现是否正确	适配器是否实现 getCount 方法和 getView 方法,在入库清单的呈现中,数据是否正确呈现		
7	来料入库功能是否正确	单击来料入库清单的某条数据,弹出入库确定框,数量确认后,单击提交,检查来料列表是否有刷新		
8	库位详情中数据是否更新	库位详情中,检查是否有入库物料信息的显示,每一项库存变化的信息数据是否和前面入库的数量一致		
9	程序入库功能是否正确	运行程序,单击入库图标,进入入库列表界面,单击列表,弹出框物料信息和列表中的信息是否一致;入库完成后,库位详情中库位数是否完成更新		

4.4 评价反馈

学生汇报	教师讲评	自我反思与总结
1. 成果展示 2. 功能介绍 3. 代码解释	_____ _____ _____	_____ _____ _____

4.5　任务拓展

工作任务　实现入库功能的拓展	
一、任务内容(5分)	成绩：
入库任务界面通过制作物料入库界面、物品入库信息确认的页面布局和后台功能,学习了安卓的 Activity 的执行过程和数据交互、ListView 的实现、单击事件的使用、Dialog 的使用等知识点。本任务在入库任务程序上,增加或改变以下内容。 　　(1)增加 ListView 字内容的列(增加整数类型容量和库存两列),并改变实体类 LocationIn,增加两个字段 volumn 和 locationCount。 　　(2)在入库界面 LocationInActivity 的 onCreate 方法里获取 ListView 控件对象,重写 onResume 方法,在 onResume 中对 ListView 对象进行数据初始化。 　　(3)随机生成每条记录的容量和库存的数据(volumn 和 locationCount),单击 ListView 的任意 Item 后,弹框中数据显示内容增加容量和库存的数据栏。	
二、知识准备(20分)	成绩：
(1) Activity 有 onCreate,onResume,onStart 等方法,启动 Activity 后,执行顺序是 _____,_____,_____。 　　(2)一个 AActivity 跳转到另一个 BActivity 后,Activity 的_____方法会被触发。 　　(3) ListView 通过_____方法设置适配器。 　　(4)自定义适配器类的_____方法返回子 Item 的控件布局。 　　(5) LayoutInflater 从资源中获取布局文件对象使用_____方法。 　　(6) ListView 的 Item 单击后,onItemClick 的第____个参数表示当前被单击的控件对象。	
三、制订计划(25分)	成绩：
根据任务的要求,制订计划。	

作业流程		
序号	作业项目	描述
计划审核	审核意见： 　　　　年　　　月　　　日	 签字：

四、实施方案(40 分)　　　　　　　　　　　　　　　　　　　成绩：

1. 建立工程

新建 Android 项目"Task1",包名为"com. example. myapplication"(与示例工程的包名一致),将 activity,adpater,dialog,entity,util 等 java 资源文件拷贝到当前工程的"com. example. myapplication"下,将资源文件 res 的文件全部拷贝到当前工程的 res,运行工程,检查是否有错。

	工程是否创建完成	□是 □否
	运行是否成功	□是 □否

2. 编写代码

(1)修改 entity 下实体类 LocationIn,增加 volumn 和 locationCount 两个字段。

	实体类增加属性 是否完成	□是 □否
	运行是否成功	□是 □否

(2)修改布局文件 location_in_item. xml,增加两个 TextView,用于呈现容量和库存两个字段,样式自定义,运行程序。

	运行是否成功	□是 □否
	入库界面是否增加两列	□是 □否

(3)在 onCreate 方法中,获取 ListView 控件对象。

(4)onResume 方法中,设置适配器数据。

续表

(5) 修改弹框的布局文件，增加布局栏库存和容量两个 TextView 的控件，在 Item 单击事件中，将数据填充到库存和容量的 TextView 控件中。

3. 其他

五、评价反馈(10 分)	成绩：

请根据自己在课程中的实际表现进行自我反思和自我评价。

自我反思：_____

_____

自我评价：_____

_____

任务 5
实现出库功能

任务描述

在智能仓储管理中,物品出库是指将物品从仓库中取出。当需要从仓储中取走物料时,会有特定人员提交物料出库清单,并将清单数据录入系统,由相应人员进行审核。审核通过后,由系统自动生成出库任务清单,并会将任务传送到仓库。仓库人员打开管理软件,单击"出库"图标,即可看到出库界面,出库界面包括出库清单和确认出库弹框两部分,分别如图 5.1 和图 5.2 所示。

图 5.1　物品出库清单

图 5.2　确认出库弹框

知识目标

- 了解 JSON 和 JSONObject 实体类之间的转换。
- 掌握 JSON 字符串格式。
- 掌握数据存储类 SharedPreferences 的使用。

技能目标

- 能够进行 JSON 字符串与实体类之间的相互转换。
- 能够使用 SharedPreferences 数据存储类对数据进行保存。
- 能够使用 EditText 控件完成对数据的编辑。

素质目标

- 培养诚实守信、爱岗敬业、精益求精的工匠精神。
- 培养合作能力、交流能力和组织协调能力。
- 培养良好的编程习惯。
- 培养从事工作岗位的可持续发展能力。
- 培养爱国主义情怀,激发使命担当。

思政点拨

　　来料入库单包含了许多的物料信息,对于入库过程,仓管员需对每种物料的信息和数量认真核对,准确将信息录入仓库,否则将造成企业资产信息不对,给企业带来损失。引导学生认真、负责、严谨对待学习和工作,自觉弘扬和践行爱岗敬业的社会主义核心价值观。

　　师生共同思考:作为未来物联网工程人员的我们,如何在工作中践行社会主义核心价值观?

5.1　准备与计划

出库功能介绍

　　在出库界面中,出库列表中生成的信息包括库位、物料号、物料名、数量等信息,它们都会通过 SharedPreference 类进行保存,方便后期其他界面引用。使用 SharedPreference 类保存数据时,需要注意它只能保存 java 的 4 个基本数据类型(int、float、long、boolean)和一个引用数据类型(String)。但在出库界面中,需要保存自定义对象数据,该如何保存呢?我们需要使用 JSON 来帮助我们实现保存自定义对象数据。在出库信息确认对话框中,输入取出物料的数量,由 EditText 控件完成。

　　因此,本节任务为实现出库列表信息的保存、物料出库数量的输入功能,学习的知识点有:认识 JSON 字符串、了解 JSON 字符串和实体类之间的转换方法、数据存储类 SharedPreferences 和 EditText 控件的使用。

　　为了更好地完成本情境任务,读者需要对以前学过的知识有一个准备和复习,包括如何创建 java 类,如何创建 activity 类和布局文件,以及如何编写布局文件等知识。本情境任务的功能比较多,需要对任务进行拆解和划分。任务计划单内容包括创建出库布局、显示出库物料清单和实现物料出库功能,见表5.1。

表 5.1　任务计划单

序号	工作步骤	注意事项
1	创建出库布局	Intent 对象的使用、单击事件的实现
2	显示出库物料清单	ListView 和适配器的使用
3	实现物料出库功能	自定义弹框的使用、ListView 的子项单击监听器

5.2　任务实施

创建出库布局

本任务继续使用之前的工程模板,会创建新的 java 类、activity 和出库布局,同时也会在之前的 WareFirstActivity 类中添加部分代码,使本任务的功能能够实施和实现。

5.2.1　创建出库布局

1)创建出库活动和布局

在实现来料出库页面开发前,需创建出库的活动对象,在仓储项目的工程中,包路径"com.example.smartstorage.activity"下,单击右键→New→Activity→Empty Activity 进行空 Activity 的创建,类名为"LocationOutActivity",与之对应的布局文件为 activity_location_out.xml。

打开 layout 下 activity_location_out.xml 文件,完成如下代码。

```xml
1  <?xml version = "1.0" encoding = "utf-8" ?>
2  <LinearLayout xmlns:android = "http://schemas.android.com/apk/res/android"
3      xmlns:app = "http://schemas.android.com/apk/res-auto"
4      xmlns:tools = "http://schemas.android.com/tools"
5      android:layout_width = "match_parent"
6      android:layout_height = "match_parent"
7      android:orientation = "vertical"
8      tools:context = "com.example.smartstorage.activity.LocationOutActivity" >
9      <TextView
10         android:layout_width = "match_parent"
11         android:layout_height = "56dp"
12         android:background = "#25354E"
```

```
13          android:text="物品出库"
14          android:gravity="center"
15          android:textColor="#DCE8FE"
16          android:textSize="24sp"
17          ></TextView>
18      <LinearLayout
19          android:layout_width="match_parent"
20          android:layout_height="60dp"
21          android:background="#fff"
22          android:gravity="center_vertical"
23          android:layout_marginLeft="10dp"
24          >
25          <TextView
26              android:layout_width="10dp"
27              android:layout_height="25dp"
28              android:background="#FEA95F"/>
29          <TextView
30              android:layout_width="wrap_content"
31              android:layout_height="40dp"
32              android:layout_marginLeft="10dp"
33              android:textSize="20sp"
34              android:gravity="center"
35              android:text="出库列表"></TextView>
36      </LinearLayout>
37      <LinearLayout
38          android:layout_width="match_parent"
39          android:layout_height="match_parent"
40          android:orientation="vertical"
41          android:background="#fff">
42          <LinearLayout
43              android:layout_width="match_parent"
44              android:layout_height="40dp"
45              android:gravity="center"
46              android:orientation="horizontal"
47              android:background="#F4F9FF">
48              <TextView
49                  android:layout_width="0dp"
```

```
50              android:layout_weight="1"
51              android:layout_height="wrap_content"
52              android:gravity="center"
53              android:text="库位"></TextView>
54          <TextView
55              android:layout_width="0dp"
56              android:layout_weight="2"
57              android:layout_height="wrap_content"
58              android:gravity="center"
59              android:text="物料号"></TextView>
60          <TextView
61              android:layout_width="0dp"
62              android:layout_weight="2"
63              android:layout_height="wrap_content"
64              android:gravity="center"
65              android:text="物料名"></TextView>
66          <TextView
67              android:layout_width="0dp"
68              android:layout_weight="1"
69              android:layout_height="wrap_content"
70              android:gravity="center"
71              android:text="数量"></TextView>
72      </LinearLayout>
73      <ListView
74          android:id="@+id/listview_locationout"
75          android:layout_width="match_parent"
76          android:layout_height="match_parent"></ListView>
77  </LinearLayout>
78 </LinearLayout>
```

activity_location_out.xml 完成布局后,显示效果如图 5.3 所示。

2) 实现单击"出库"按钮后从主界面跳转到出库界面

打开首页活动 WareFirstActivity 类,前面了解到布局文件 activity_ware_first 中出库处相对布局的 id 为"rlout_lout"。这里定义相对布局对象 rlayoutLOut,该对象指向出库功能(含出库文字和图片)的布局。在 initView 方法中对 rlayoutLOut 实例化,并为其添加单击事件监听,代码如下。

任务5　实现出库功能

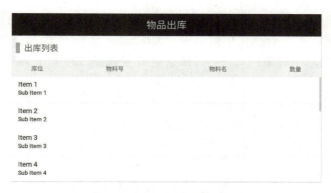

图 5.3　物品出库布局效果图

```
1    rlayoutLOut = findViewById(R.id.rlout_lout);
2    ……
3    rlayoutLOut.setOnClickListener(this);
```

小提示："……"处省略了无关的代码，在测试代码时可不管。

（1）第 1 行代码："rlayoutLOut"定义出库的相对布局对象，findViewById 方法会根据 id 值实例化控件对象，该 id 值为 activity_ware_first.xml 中出库部分相对布局标签的 id 属性值。代码运行后 rlayoutLOut 对象将指向出库处的相对布局，后续需要对界面中出库处的属性进行调整，可通过对 rlayoutLOut 进行操作完成。

（2）第 3 行代码：setOnClickListener 方法为控件设置单击监听，这里的调用者是 rlayoutLOut，即为出库处的相对布局设置单击监听，单击后的处理者为当前对象。

WareFirstActivity 类名定义处实现 OnclickListener 接口，在重写的 onclick 方法中实现对 rlayoutLOut 的单击页面跳转，添加加粗部分代码如下。

```
1    @Override
2    public void onClick(View view){
3        int vId = view.getId();
4        Intent intent = null;
5        switch(vId){
6            ……
7            case R.id.rlout_lout:
8                intent = new Intent(WareFirstActivity.this, LocationOutActivity.class);
9                break;
10           ……
11       }
12       startActivity(intent);
13   }
```

(1) 第 3 行代码:"view"为当前被单击的对象,onClick 方法被触发时,可能是入库、出库、库位详情中某一个布局处发生的单击。"view.getId( )"获取当前单击对象的 id,从 view 中获取当前被单击对象的 id 后,后续通过分支判断方可知道触发单击处是哪一个布局。

(2) 第 4 行代码:定义 Intent 对象 intent,用于后续界面实现跳转。

(3) 第 7 行代码:被单击对象为入库的分支处理。

(4) 第 8 行代码:用 Intent 的构造方法,实例化 intent 对象。构造方法支持两个参数,第一个是当前的上下文对象,第二个是跳转的目的活动界面 LocationOutActivity。

(5) 第 12 行代码:调用 startActivity 界面跳转函数,实现主界面跳转到出库界面。

3) 出库界面测试

运行项目程序,在仓储首页中,单击"出库"按钮,如图 5.4(a)所示。跳转到物品出库界面,由于 LocationOutActivity 中程序为创建时默认生成的 java 代码,此时物品出库界面中的出库列表无数据,如图 5.4(b)所示。

(a)单击出库按钮　　　　　　　　　　　(b)物品出库界面

图 5.4　出库单击跳转效果图

5.2.2　显示出库物料清单

1) 创建出库信息实体类

想要显示出库物料清单,首先需要创建出库信息实体类。打开智能仓储工程,在包路径"com.example.smartstorage.entity"下,新建出库信息实体类,也就是 LocationOut 类,具体步骤:选中路径→单击右键→"New"→"Java Class",创建完成之后查看 LocationOut 类是否完成。双击打开"LocationOut.java"文件,需要核对出库信息实体类,完成库位号、物料号、物料名、数量等类成员的编写、类成员对应的 set 方法和 get 方法的编写以及构造函数的编写,编写代码如下。

显示出库物料清单

```
1    public class LocationOut {
2        String locationNo;
3        String materialNo, materialName;
4        int count;
5        public String getLocationNo( ) {
6            return locationNo;
```

```
7        }
8
9        public void setLocationNo(String locationNo) {
10            this.locationNo = locationNo;
11       }
12
13       public String getMaterialNo() {
14            return materialNo;
15       }
16
17       public void setMaterialNo(String materialNo) {
18            this.materialNo = materialNo;
19       }
20
21       public String getMaterialName() {
22            return materialName;
23       }
24
25       public void setMaterialName(String materialName) {
26            this.materialName = materialName;
27       }
28
29       public int getCount() {
30            return count;
31       }
32
33       public void setCount(int count) {
34            this.count = count;
35       }
36       public LocationOut() {
37
38       }
39       public LocationOut(LocationOut lout) {
40            locationNo = lout.getLocationNo();
41            materialName = lout.getMaterialName();
42            materialNo = lout.getMaterialNo();
43            count = lout.getCount();
44       }
45  }
```

(1)第 2—4 行代码:定义出库列表信息实体类的 4 个成员变量,具体含义见表 5.2。

表 5.2　LocationOut 类成员变量及含义

成员变量	含义
locationNo	存放库位号信息
materialNo	存放物料编号信息
materialName	存放物料名信息
count	存放物料的个数

(2)第 5—35 行代码:分别对成员变量 locationNo,materialNo,materialName 和 count 生成了 get 和 set 方法,便于后续其他类使用。

(3)第 36—38 行代码:定义 LocationOut 类的构造方法,是一个没有参数的构造方法。

(4)第 39—45 行代码:也是定义 LocationOut 类的构造方法,这个构造方法有一个参数,即 LocationOut lout,把它本身作为参数对象来传递。

> 小提示:快速生成类成员 set 和 get 方法,在类的大括号中,空白区域单击右键→选择 Generate→选择 Getter and Setter→选择要生成 set 方法和 get 方法的成员变量→最后单击"OK"。

2) 添加 addLocationOutData 方法

创建完成 LocationOut 出库信息实体类之后,需要在 SharedDataUtil 类中添加 addLocationOutData 方法,以实现出库信息实体类集合先转换成 JSON 字符串功能。添加代码如下。

```
1   public void addLocationOutData(List<LocationOut> list){
2       JsonConvUtil jsonConvUtil = new JsonConvUtil();
3       try {
4           String data = jsonConvUtil.getArrayString(list);
5           editor.putString("locationOutData",data);
6           editor.commit();
7       } catch (IllegalAccessException e) {
8           e.printStackTrace();
9       } catch (JSONException e) {
10          e.printStackTrace();
11      }
12  }
```

第 1—12 行代码:定义 addLocationOutData 方法,主要功能是将出库信息实体类集合先转换成 JSON 字符串,然后将字符串保存在 SharedPreferences 存储类中。其中有一个参数,即 List<LocationOut> list,也就是将出库信息实体类集合作为参数传递过来。

> 小提示:SharedPreferences 存储类中,保存出库信息实体类的 JSON 字符串,对应的键名称为 locationOutData。

3)查看出库物料界面布局

完成出库信息实体类之后,还需要完善物料出库信息界面,用 ListView 实现出库物料数据的列表显示。布局文件仍然使用 location_in_item.xml 布局文件,该布局使用线性布局,采用水平摆放控件的方式,在该布局下放置 4 个文本控件,分别用于呈现库位、物料号、物料名、数量等信息,如图 5.5 所示。

图 5.5　布局效果图

4)创建出库列表适配器类

要实现出库物料数据的列表显示,需要实现出库列表适配器类,也就是 LocationOutListAdapter 类。展开项目包路径 com.example.smartstorage.adapter(若 adapter 不存在,可在包路径 com.example.smartstorage 下,单击右键→New→Package 完成包创建,包名 adapter),自定义适配器类 LocationOutListAdapter,继承 BaseAdapter,使用代码提示功能,生成未实现方法 getCount()、getItem()、getItemId()、getView()等,添加以下加粗代码。

```
1   public class LocationOutListAdapter extends BaseAdapter {
2       Context con;
3       List datas;
4       public LocationOutListAdapter(Context con, List datas) {
5           this.con = con;
6           this.datas = datas;
7       }
8       @Override
9       public int getCount() {
10          return datas.size();
11      }
12      @Override
13      public Object getItem(int i) {
14          return datas.get(i);
15      }
16      @Override
17      public long getItemId(int i) {
18          return i;
19      }
```

```
20        @Override
21        public View getView(int i, View view, ViewGroup viewGroup) {
22              return null;
23        }
24    }
```

（1）第 1 行代码：继承 BaseAdapter，BaseAdapter 为适配器的抽象类。继承 BaseAdapter 的类需要对 getCount()、getItem()、getItemId()、getView()方法进行重写，否则运行报错。

（2）第 2—3 行代码：第 2 行代码定义上下文对象 con，第 3 行代码定义 List 集合对象 datas。

（3）第 4—7 行代码：为 LocationOutListAdapter 的构造方法，该方法中完成对 Context 对象和 List 对象的实例化。

（4）第 9—11 行代码：getCount()返回数据的条数，第 13—14 行 getItem()返回每个位置的数据，第 17—19 行为每个子项进行编号。

（5）第 21—23 行代码：方法 getView，ListView 要求适配器"给我一个视图"，此方法根据给定的位置 i，返回每个位置的布局对象，将返回的布局对象按顺序填充进 ListView 中，从而实现列表的可视化效果。第一个参数 i 为当前所处位置，第二个参数 view 为当前位置 i 的布局对象，如适配器没完成该位置的布局，view 将为空。此方法中需对模板界面实例化，根据给出的数据进行界面初始化和返回。

完善 getView 方法，在该方法中添加以下代码。

```
1     public View getView(int i, View view, ViewGroup viewGroup) {
2         if(view == null) {
3             view = LayoutInflater.from(con).inflate(R.layout.location_in_item, null);
4         }
5         LocationOut map = (LocationOut) datas.get(i);
6         TextView lTv = view.findViewById(R.id.lin_location_no);
7         TextView mnTv = view.findViewById(R.id.lin_material_name);
8         TextView mnoTv = view.findViewById(R.id.lin_material_no);
9         TextView mCountTv = view.findViewById(R.id.lin_material_count);
10        lTv.setText(map.getLocationNo());
11        mnTv.setText(map.getMaterialName());
12        mnoTv.setText(map.getMaterialNo());
13        mCountTv.setText(map.getCount()+"");
14        view.setTag(map);
15        return view;
16    }
```

（1）第 2—4 行代码：为 view 对象实例化，实例化后的控件对象将作为当前位置子项布局效果返回。

(2)第5行代码:从 list 中第 i 个位置获取 LocationOut 类型数据对象,该数据将用于初始化控件当前子项的库位、物料号、物料名、数量等文本控件的显示信息。

(3)第6—9行代码:实例化控件对象,便于后续将数据设置到文本控件中。

(4)第10—13行代码:为实例化好的文本控件设置显示内容,内容为 LocationOut 对象的数据。

5)出库界面中数据的初始化

(1)在出库界面 LocationOutActivity 类中添加成员变量,代码如下。

```
1    ListView listView;
2    LocationOutListAdapter adapter;
3    List<LocationOut> datas = new ArrayList();
4    SharedDataUtil sharedDataUtil;
```

①第1行代码:定义 ListView 下拉列表控件成员变量。
②第2行代码:定义出库列表适配器类成员变量。
③第3行代码:实例化出库物料集合成员变量。
④第4行代码:定义数据存储工具类成员变量。

(2)在出库界面 LocationOutActivity 类中添加 onCreate 方法,在该方法中主要调用了界面的初始化方法 initView()和数据初始化方法 initData()。

```
1    protected void onCreate(Bundle savedInstanceState) {
2        super.onCreate(savedInstanceState);
3        requestWindowFeature(Window.FEATURE_NO_TITLE);
4        ActionBar actionBar = getSupportActionBar();
5        actionBar.hide();
6        setContentView(R.layout.activity_location_out);
7        initView();
8        initData();
9    }
```

(3)在 LocationOutActivity 类中实现 initView 方法,完成对当前页面控件对象的实例化操作,主要完成对列表控件对象 listView 的初始化操作,通过 findViewById 实现。initView 方法中的代码如下。

```
1    private void initView() {
2        listView = findViewById(R.id.listview_locationout);
3    }
```

(4)在 LocationOutActivity 类中实现 initData 方法,通过 fillData 方法完成 4 条数据的初始化,代码如下。

```
1    private void initData() {
2        sharedDataUtil = new SharedDataUtil(this);
3        fillData("001-00-01","000-001-01","小米手机", new Random().nextInt(30));
4        fillData("001-00-02","000-001-06","运动手表", new Random().nextInt(30));
5        fillData("001-00-03","000-001-01","小米手机", new Random().nextInt(30));
6        fillData("001-00-04","999-001-03","移动电源", new Random().nextInt(30));
7        sharedDataUtil.addLocationOutData(datas);
8        adapter = new LocationOutListAdapter(this,datas);
9        listView.setAdapter(adapter);
10   }
```

①第2行代码：sharedDataUtil 是自定义的一个数据存取对象，通过该对象可实现对象数据的存储和取出。前面我们了解到 SharedPreferences 只能做简单类型数据的存取，无法对实体类进行数据存取，SharedDataUtil 通过将实体类转成 JSON 字符串，可实现对实体或 List 列表数据的存储和获取。

②第3—6行代码：fillData 方法用于向列表对象 datas 中加入出库物料数据的初始化，方法中在出库数量表示时采用了随机数（小于30），一共生成4条数据。后续会进行该方法代码的添加和解释。

③第7行代码：将来料清单数据进行存储，确保弹框操作后，数据能实时更新显示。

④第8行代码：通过 LocationOutListAdapter 构造函数，初始化出库列表适配器对象。该构造函数有两个参数，第一个参数 Context 对象，也就是上下文；第二个参数物品出库实体类集合对象。

⑤第9行代码：将实例化好的适配器设置到 listView 中。

（5）在 LocationOutActivity 类中继续编写 fillData 方法，完成出库信息实体类的实例化以及类成员变量的赋值，并加入出库物料集合 datas 中，编写代码如下。

```
1    public void fillData(String lNo,String mNo,String mName,Integer count){
2        LocationOut lin = new LocationOut();
3        lin.setLocationNo(lNo);
4        lin.setMaterialName(mName);
5        lin.setMaterialNo(mNo);
6        lin.setCount(count);
7        datas.add(lin);
8    }
```

①第2行代码：对出库信息实体类 LocationOut 进行实例化。

②第3—6代码:使用出库信息实体类中的 set 方法,分别对类成员变量进行赋值,包括库位信息、物料号信息、物料名信息、数量。

③第7行代码:将出库信息实体类对象 lin 添加到出库物料集合 datas 里。

6)库存刷新功能

在 LocationOutActivity 类中添加 reSelData 方法,用于物品出库成功之后刷新物料库存,添加如下代码。

```
1    public void reSelData(LocationOut data){
2          for(LocationOut l:datas){
3              if(l.getLocationNo().equals(data.getLocationNo())&&
4                  l.getMaterialNo().equals(data.getMaterialNo())){
5                  StockInfo stockInfo = sharedDataUtil.getStockData(l.getLocationNo(),l.getMaterialNo());
6                  if(stockInfo.getLocationNo()==null||"".equals(stockInfo.getLocationNo())){
7                      Toast.makeText(getApplicationContext(),"该库位无该物料的库存",Toast.LENGTH_SHORT).show();
8                      return;
9                  }
10                 stockInfo.setMaterialName(l.getMaterialName());
11                 stockInfo.setVolume(50);
12                 stockInfo.setStock(stockInfo.getStock()-data.getCount());
13                 sharedDataUtil.addData(stockInfo);
14
15                 l.setCount(l.getCount()-data.getCount());
16                 adapter.notifyDataSetChanged();
17                 Toast.makeText(getApplicationContext(),"出库成功,库存数据已刷新",Toast.LENGTH_SHORT).show();
18             }
19         }
20     }
```

7)运行程序

物料出库列表显示效果如图5.6所示。

				11:07
		物品出库		

出库列表

库位	物料号	物料名	数量
001-00-01	000-001-01	小米手机	17
001-00-02	000-001-06	运动手表	22
001-00-03	000-001-01	小米手机	10
001-00-04	999-001-03	移动电源	7

图 5.6　物品出库列表显示

5.2.3　实现物料出库功能

实现物料出库功能

本节任务在来料出库清单显示的基础上(LocationOutActivity 中),实现选择来料出库清单,根据当前库位情况和出库物料信息,实现物料的出库功能,更新物料库存数据。

在选择某项物料信息进行出库时,用户首先需选择 ListView 列表中的某条出库记录,根据弹框提示进行出库操作,用户确认数量并提交后,App 将处理提交并更新数据。实现这些功能包括 3 个步骤。

- 为 ListView 添加 OnItemClickListener 单击事件。
- 自定义弹出框类,实现弹框功能。
- 实例弹出框对象,传入数据。

1) 为 ListView 添加 OnItemClickListener 单击事件

(1)出库界面 LocationOutActivity 的初始化方法 initView 中,对 ListView 对象 listView,通过 findViewById 方法对其进行实例化。

listView = findViewById(R. id. listview_locationin) ;

(2)listView 完成实例化后,在 initView 中设置 listView 的子项单击事件监听器,设置的接口类型 OnItemClickListener,调用代码。

listView. setOnItemClickListener(listClickListener) ;

listClickListener 是定义的 OnItemClickListener 对象,它实现了 OnItemClickListener 接口中的抽象方法 onItemClick。当单击 ListView 的子 Item 后,程序会执行 onItemClick 方法。

(3)LocationInActivity 中定义并初始化 OnItemClickListener 的对象 listClickListener,实现代码如下。

```
1    AdapterView. OnItemClickListener listClickListener = new
2    AdapterView. OnItemClickListener( ) {
3        @ Override
4        public void onItemClick( AdapterView <?> adapterView,View view,int i,
```

```
long l)
    5       {
    6           LocationOut selData = (LocationOut) view.getTag();
    7       }
    8   };
```

> 小提示:以上代码将实体数据绑定于控件 Item 的 tag 中,当单击某个 item 后,就可以直接从当前的 view 中获取 tag,将 tag 强转成 LocationOut 对象,即可获取当前选中的数据,在接下来弹出框时就可以展示当前的数据了。

onItemClick 方法中,有 4 个参数。第一个参数为当前适配器控件对象(只带 listView),第二个参数为当前单击的子项对应的视图布局对象,第三个参数为在适配器里的位置(生成 listview 时,适配器装载列表项 item,然后依次排队,再放入 listview 中),第四个参数为在 listView 中的位置的值,一般和第三个参数 i 的值相同。

完成子项单击的监听后,接下来需要实现弹框提示的功能,该功能在 onItemClick 方法中进行实现。

2)自定义弹出框类,实现弹框功能

(1)在 dialog 包路径下创建 LocationOutDialog 类,该类为自定义 Dialog 类,继承自 AlertDialog。AlertDialog 类也具备自己的生命周期,在启动后会调用 onCreate()。在 LocationOutDialog 类中编写代码如下。

```
1   public class LocationOutDialog extends AlertDialog {
2       Context con;
3       Button okButton, cancelButton;
4       EditText countEt;
5       LocationOut data;
6       LocationOutActivity locationOutActivity;
7
8       public void setLocationOutActivity(LocationOutActivity locationOutActivity) {
9           this.locationOutActivity = locationOutActivity;
10      }
11
12      public LocationOutDialog(Context context, LocationOut map) {
13          super(context);
14          con = context;
15          data = new LocationOut(map);
16      }
17
18      @Override
```

```
19      protected void onCreate(Bundle savedInstanceState) {
20          super.onCreate(savedInstanceState);
21          View v = LayoutInflater.from(con).inflate(R.layout.dialog_confirm_location_in,null);
22          setContentView(v);
23
24          initView();
25      }
26      private void initView() {
27
28      }
29
30      @Override
31      public void show() {
32
33      }
34 }
```

①第8—10行代码:定义set方法,用于设置入库界面的LocationOutActivity对象和调用更新界面的方法。

②第12—16行代码:LocationOutDialog为构造方法,传入上下文Context的对象con和来料实体类LocationOut的对象data。con后续用于界面的初始化,data存的数据为当前选中的物料出库信息。

③第19行代码:重写onCreate方法,AlertDialog提示框创建时会调用该方法。创建弹框时默认被调用,该方法用于实现弹框显示前需要的初始化操作。

④第21行代码:获取弹框的布局文件对象LayoutInflater为布局加载器,它的作用是从资源文件中加载布局文件,返回View类型。

⑤第22行代码:将加载得到的布局对象设置给弹框对象,作为界面布局。

⑥第24行代码:界面中涉及对一些控件进行操作,通过调用initView方法,在initView方法中完成对这些控件的操作。

⑦第26—28行代码:定义initView方法,初始化弹框界面涉及数据改变的控件对象,该函数在onCreate方法中被调用。

⑧第31—33行代码:重写show方法,show方法为AlertDialog自带的方法。调用该方法后将显示弹框,弹框出现后的数据操作可在该方法中编写调用。

上述代码中,涉及setLocationOutActivity,LocationOutDialog,onCreate,initView和show等五个方法,方法解释见表5.3。

表 5.3　LocationOutDialog 方法清单

序号	方法名	返回类型	解释
1	LocationOutDialog	构造方法	传入上下文 Context 的对象 con 和出库实体类 LocationOut 的对象 data，con 后续用于界面的初始化，data 存的数据为当前选中的物料出库信息
2	setLocationOutActivity	无	设置出库主界面的 locationOutActivity 对象，用于调用更新界面的方法
3	onCreate	无	AlertDialog 自带的方法，创建弹框的时候默认被调用，该方法一般用来完成自定义弹框的界面设置
4	initView	无	初始化弹框界面的控件对象
5	show	无	AlertDialog 自带的方法，调用该方法后将显示弹框

（2）在 LocationOutDialog 类的 initView 方法中完善控件的操作，包括对确定/取消按钮的事件定义，数量增加/减少的按钮控件定义，编写如下代码。

```
1    private  void initView( ) {
2        TextView titleView = findViewById( R. id. loc_in_confirm_title) ;
3        titleView. setText( "确认出库信息" ) ;
4        cancelButton = findViewById( R. id. loc_in_confirm_cancel) ;
5        okButton = findViewById( R. id. loc_in_confirm_ok) ;
6        TextView lnoTv = findViewById( R. id. loc_in_confirm_location_no) ;
7        TextView mnoTv = findViewById( R. id. loc_in_confirm_material_no) ;
8        lnoTv. setText( data. getLocationNo( ) +"" ) ;
9        mnoTv. setText( data. getMaterialNo( ) +"" ) ;
10       countEt = findViewById( R. id. loc_in_confirm_count) ;
11       countEt. setText( data. getCount( ) +"" ) ;
12       Button addButton = findViewById( R. id. button_add_count)
13               , delButton = findViewById( R. id. button_del_count) ;
14       addButton. setOnClickListener( new View. OnClickListener( ) {
15           @ Override
16           public void onClick( View view)  {
17               int stockCount = Integer. parseInt( data. getCount( ) +"" ) , curCount = Integer. parseInt( countEt. getText( ) +"" ) ;
18               if( stockCount< ++curCount)  {
19                   --curCount;
20                   Toast. makeText( con, "最大出库数不能大于" +curCount, Toast. LENGTH_LONG) . show( ) ;
```

```
21              }
22              countEt.setText(curCount+"");
23          }
24      });
25      delButton.setOnClickListener(new View.OnClickListener() {
26          @Override
27          public void onClick(View view) {
28              int curCount = Integer.parseInt(countEt.getText()+"");
29              if(--curCount<=0) {
30                  curCount = 0;
31                  Toast.makeText(con,"最小出库数不能小于0",Toast.LENGTH_LONG).show();
32              }
33              countEt.setText(curCount+"");
34          }
35      });
36      cancelButton.setOnClickListener(new View.OnClickListener() {
37          @Override
38          public void onClick(View view) {
39              cancel();
40          }
41      });
42      okButton.setOnClickListener(new View.OnClickListener() {
43          @Override
44          public void onClick(View view) {
45              cancel();
46              int curCount = Integer.parseInt(countEt.getText()+"");
47              data.setCount(curCount);
48              locationOutActivity.reSelData(data);
49          }
50      });
51  }
```

① 第2—7行代码：初始化标题文本控件，并显示"确认出库信息"标题，初始化确定按钮、取消按钮、物料编号文本显示、库位编号文本显示等5个控件对象。

② 第8—9行代码：从出库物料实体对象中，设置物料编号和库位编号到文本控件中。

③ 第10—11行代码：实例化出库数量的编辑框，并对控件数量完成初始化。

④第 12—13 行代码：对增加数量、减少数量的按钮进行实例化。

⑤第 14—24 行代码：设置增加数量的单击监听，countEt 为实际出库数量的输入框，最大数量不能超过本次出料数量。

⑥第 25—35 行代码：实现实际数量减少的单击监听，最小出库数量不能小于 0。

⑦第 36—41 行代码：取消按钮的单击监听。

⑧第 42—50 行代码：确定按钮的单击监听，响应方法中，对数据中的可出库库存量进行修改，data 为当前物料的实体对象。

(3) show 方法中添加弹出框的参数设置信息，该方法为 AlertDialog 自带的方法，调用该方法将显示弹出框，编写代码如下。

```
1    public void show() {
2        try {
3            super.show();
4            WindowManager.LayoutParams layoutParams = getWindow().getAttributes();
5            layoutParams.gravity = Gravity.CENTER;
6            layoutParams.format = PixelFormat.TRANSLUCENT;
7            layoutParams.width = 640;
8            layoutParams.height = 1000;
9            getWindow().setAttributes(layoutParams);
10       } catch (Exception e) {
11           e.printStackTrace();
12       }
13   }
```

代码解释参考前面讲解的实现来料入库功能章节内容。

3) 实例弹出框对象，传入数据

在 LocationOutActivity 中，出库列表的子项单击监听处，即为 ListView 添加 OnItemClickListener 单击事件中，继续完善代码。实现单击出库列表数据后，弹出框显示，并加载当前单击的出库物料数据信息，实现出库功能，编写代码如下。

```
1    public void onItemClick(AdapterView<?> adapterView, View view, int i, long l) {
2        LocationOut selData = (LocationOut) view.getTag();
3        LocationOutDialog dialog = new LocationOutDialog(LocationOutActivity.this, selData);
4        dialog.setLocationOutActivity(LocationOutActivity.this);
5        dialog.show();
6    }
```

（1）第 1 行代码：前面已介绍此处为子项单击事件触发后会被调用的方法。
（2）第 2 行代码：获取当前单击列表项对应的数据。
（3）第 3 行代码：实例化弹框对象，用自定义的构造方法完成。入参包括两个参数，第一个是上下文对象，第二个是当前单击项的数据。
（4）第 4 行代码：设置当前的活动对象，用于提交出库物料信息后刷新列表。
（5）第 5 行代码：显示弹出框。

4）运行测试

运行程序，进入物品出库主界面，"小米手机"数量 11 个等物料信息，如图 5.7 所示。在列表中单击库位号为"001-00-01"的子项，弹出确认出库信息提示框，修改输入数量为 4，单击确认按钮，如图 5.8 所示。完成物品出库功能，物品数量变为 7 个，如图 5.9 所示。

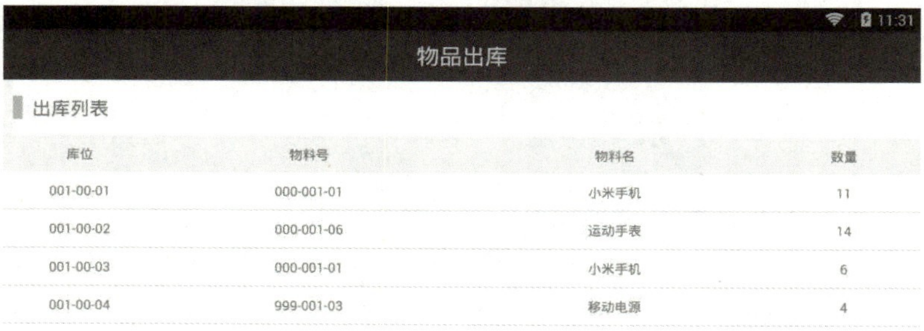

图 5.7 物品出库清单

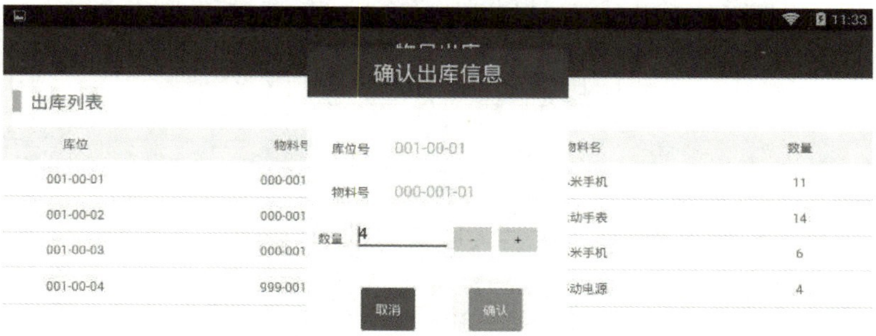

图 5.8 确认出库信息对话框

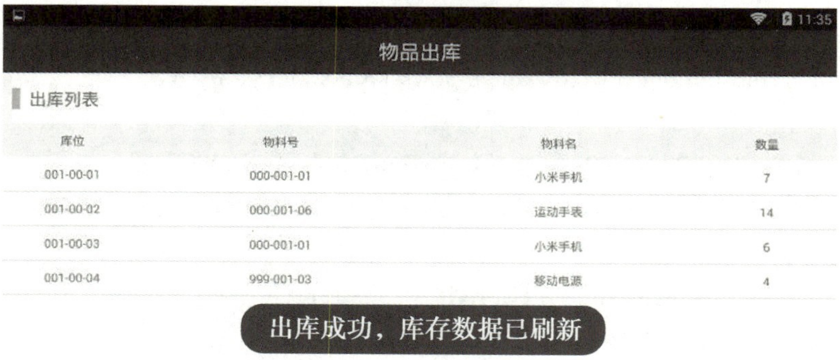

图 5.9 物品出库成功

5.3　任务检查

在完成仓库出库界面及功能后,需要结合 checklist(表 5.4)对代码和功能进行走查,达到如下目的。

(1)确保在项目初期就能发现代码中的 BUG 并尽早解决。

(2)发现的问题可以与项目组成员共享,以免出现类似错误。

表 5.4　实现出库功能 checklist

序号	检查项目	检查标准	学生自查	教师检查
1	出库布局界面是否正确	activity_location_out 是否完成布局 XML 的编写,通过预览效果检查与设计效果是否一致		
2	ListView 的子项布局是否正确	检查子项布局文件 location_in_item 是否有创建,其布局效果是否包括库位、物料号、物料名、数量等文本控件		
3	创建 LocationOut 类	检查该类是否创建,并完成对应代码编写		
4	创建出库列表适配器类	检查 LocationOutListAdapter 类是否创建,并完成对应代码编写		
5	出库界面是否完成注册	Androidmanifest.xml 中有包含 LocationOutActivity 的活动信息注册,且该活动能被应用识别,不报错		
6	出库物料清单列表是否显示	正确运行程序,能否正常显示出库物料清单列表信息		
7	物料出库功能是否完成	单击出库列表,能否弹出"确认出库信息"对话框,单击确定按钮,能否完成物料出库功能		

5.4 评价反馈

学生汇报	教师讲评	自我反思与总结
1. 成果展示 2. 功能介绍 3. 代码解释		

5.5 任务拓展

工作任务　实现出库功能的拓展	
一、任务内容(5分)	成绩：

出库页面的功能主要有创建出库布局、显示出库物料清单和实现物料出库功能。通过完成以上功能,学习了 JSON 字符串、JSON 和实体类间的转换-JSONObject、数据存储类-SharedPreferences、EditText 的使用等知识点。参考教材任务 4-出库页面功能的实现这部分内容,对出库页面功能进行拓展,完成本次任务工单内容,主要任务内容如下:

(1)增加 ListView 字内容的列(增加整数类型容量和库存两列),并改变 LocationOut 实体类,增加两个字段 volumn 和 locationCount。

(2)在 JsonConvUtil 类中原有的转换方法中,添加 volumn 和 locationCount 两个字段的互转,实现 JSON 字符串与出库列表信息集合的互转。

(3)在出库界面 LocationOutActivity 类中,实现容量和库存的数据(volumn 和 locationCount)默认初始值都保存为 100,并在 ListView 控件上显示。

(4)在确认出库信息对话框中,在出库数量 EditText 下方再多增加两个 EditText。通过直接输入数字的形式更改容量和库存两个数据并进行保存,以便下次直接使用该数据,并在 ListView 控件中更新这两个数值。

续表

二、知识准备（20 分）	成绩：

（1）JSON 是一种_____的数据交换格式。

（2）JSON 表示对象时，必须在_____中书写，JSON 表示数组时，必须在_____中书写。

（3）SharedPreference 类能够保存_____、_____、_____、_____、_____ 5 种数据类型。

（4）使用 EditText 控件，能够更改字体颜色的 XML 属性为_____，对应的 java 方法为_____。

（5）SharedPreferences 提供了_____操作模式，_____为默认操作模式。

（6）SharedPreferences 哪个方法可以保存字符串？（   ）

　　A. Editor putString(String key, String value)　　　B. Editor putInt(String key, int value)

　　C. Editor putLong(String key, long value)　　　　D. Editor putFloat(String key, float value)

三、制订计划（25 分）	成绩：

根据任务的要求，制订计划。

<table>
<tr><td colspan="3" align="center">作业流程</td></tr>
<tr><td>序号</td><td>作业项目</td><td>描述</td></tr>
<tr><td></td><td></td><td></td></tr>
<tr><td></td><td></td><td></td></tr>
<tr><td></td><td></td><td></td></tr>
<tr><td>计划审核</td><td colspan="2">审核意见：

　　年　　　月　　　日　　　　　　　签字：</td></tr>
</table>

四、实施方案（40 分）	成绩：

1. 建立工程

新建 Android 项目"Task5"，包名为"com. example. myapplication"（与示例工程的包名一致），将 activity, adapter, dialog, entity, util 等 java 资源文件拷贝到当前工程的"com. example. myapplication"下，将资源文件 res 的文件全部拷贝到当前工程的 res，运行工程，检查是否有错。

▼ java 　▼ com.example.myapplication 　　▶ activity 　　▶ adapter 　　▶ dialog 　　▶ entity	工程是否创建完成	□是 □否
	运行是否成功	□是 □否

续表

2. 编写代码		
(1) 修改 entity java 包下实体类 LocationOut，增加 volumn 和 locationCount 两个字段。		
	实体类增加属性是否完成	□是 □否
	运行是否成功	□是 □否
(2) 修改布局文件 activity_location_out.xml，增加两个 TextView，用于呈现容量和库存两个字段，样式自定义，运行程序。		
	运行是否完成	□是 □否
	入库界面是否增加两列	□是 □否
(3) 在 fillData 方法中，设置适配器数据，为 volumn 和 locationCount 两个数据赋初值 100。		
	代码是否报错	□是 □否
	运行是否成功	□是 □否
(4) 在 LocationOutListAdapter 适配器中，在库存和容量两个 TextView 控件设置对应数据。		
	代码是否报错	□是 □否
	运行是否成功	□是 □否
(5) 修改 dialog_confirm_location_in 布局文件，在出库数量 EditText 下方，再多增加两个 EditText。		
	界面布局是否报错	□是 □否
	运行是否成功	□是 □否

续表

（6）修改 LocationOutDialog 类代码，在确定按钮单击事件方法中，实现库存和容量数据的获取。

	数量是否获取成功	□是 □否
	运行是否成功	□是 □否

（7）在 LocationOutActivity 类中的 reSelData 方法中，保存库存和容量数据。

	代码是否报错	□是 □否
	运行是否成功	□是 □否

（8）在 LocationOutActivity 类中的 initData 方法中，从 SharedPreferences 类中获取之前保存好的库存和容量数据，并将数据添加到适配器中，在 ListView 控件中进行显示。

	代码是否报错	□是 □否
	运行是否成功	□是 □否

3. 其他

五、评价反馈（10 分）	成绩：

请根据自己在课程中的实际表现进行自我反思和自我评价。

自我反思：_____

自我评价：_____

任务 6
云平台参数配置

任务6 云平台参数配置

任务描述

前面我们完成了首页布局、入库功能、出库功能、库位详情等页面的功能实现,本任务在首页中增加设置功能,单击设置后以滑动效果弹出参数配置界面。参数配置界面包含报警参数设置和云平台参数设置两部分,其中报警参数设置中包含温度报警阈值、湿度报警阈值、风扇手动/自动开启模式配置;云平台参数设置中包含新大陆云平台的账号、密码、设备 ID、数据模拟上传等信息的配置。

通过上述信息的云平台参数配置实现 App 账号、密码连接新大陆物联网云平台,获取温度、湿度、烟雾、火焰等环境数据,通过报警参数中的阈值设置,实现当温度或湿度超过设定的阈值时,启动风扇并提醒用户,如图 6.1 所示。

图 6.1　参数配置界面

知识目标

- 了解 Include 中嵌套布局文件的使用。
- 掌握界面效果中外观形状 shape 标签的常用属性和属性值。
- 掌握 DrawerLayout+NavigationView 标签的属性。
- 掌握 DrawerLayout 常用方法。

技能目标

- 能在标签中实现嵌套布局文件。
- 能为指定标签实现外观效果的制作。
- 能对 DrawerLayout 对象做实例化和关闭方法调用。

素质目标

- 培养良好的编程习惯。
- 培养合作能力、交流能力和组织协调能力。
- 培养程序设计能力、软件问题解决和独立思考能力。
- 培养善于思考、善于总结、精益求精的工匠精神。
- 培养自强向上、乐于奋斗的优秀品质。
- 培养细心、踏实的职业操守。

> **思政点拨**
>
> 随着互联网技术的发展,很多 App 需要连接云平台,在通信过程中,一旦发生账号泄露或者重要信息被窃取,对用户、供应商来说都是巨大的损失。学生应意识到网络安全已成为当前面临的最严重挑战,要坚定不移贯彻总体国家安全观,维护网络安全。
>
> 师生共同思考:在给平台做通信设计时,要从哪些方面进行安全设计?

6.1 准备与计划

本节我们的学习目标为侧滑布局的功能实现,在前面活动 Activity 生命周期、轻量级存储类 SharedPreferences 等使用的基础上,我们将学习 DrawerLayout+NavigationView 方式实现侧滑布局、Activity 中如何操作 DrawerLayout 对象。

在仓储首页中完成基本布局和入库对象的实例化,见表 6.1。

表 6.1 任务计划单

序号	工作步骤	注意事项
1	创建云平台参数抽屉布局	标签中嵌套布局文件的用法,形状标签 shape 的使用
2	实现滑动抽屉效果	DrawerLayout+NavigationView 布局文件中的实现,在 Activity 中如何通过方法调用实现展开和收起
3	保存云平台配置参数	SharedPreferences 数据的存储和获取,存储的账号和密码信息如何正确传入

6.2 任务实施

创建云平台参
数配置布局

6.2.1 创建云平台参数抽屉布局

如图 6.1 所示,本节将完成配置界面的界面效果。界面中将用到布局标签 LinearLayout、控件标签文本框 TextView、文本输入框 EditText、按钮 Button、开关 Switch 等标签,通过给布局 LinearLayout 添加 background 属性,实现布局的背景框效果。

从界面效果图可以看出,参数设置界面包括报警参数设置和云平台参数设置两部分,它们的位置关系是上下关系。前面我们学习了线性布局和相对布局,控件间实现上下关系或左右关系时,线性布局是比较合适的一种方式。实现这种界面效果时,线性布局做外层效果是最合适的选择。

1)确认形状设置文件 info_item_shape.xml

在 res/drawble 下检查设置背景形状的文件 info_item_shape.xml(若无,可右键 drawable 创建一个 XML 文件),XML 文件代码如下。

```
1   <?xml version="1.0" encoding="utf-8"?>
2   <shape xmlns:android="http://schemas.android.com/apk/res/android">
3       <solid android:color="#fff" />
4       <stroke
5           android:width="1dp"
6           android:color="#E1E4E8" />
7       <corners android:topLeftRadius="2dp"
8           android:topRightRadius="2dp"
9           android:bottomRightRadius="2dp"
10          android:bottomLeftRadius="2dp"/>
11  </shape>
```

2)完成设置界面的布局

在 android studio 中找到当前项目模块的依赖文件 build.gradle(Module:xxx),如图 6.2 所示。

图 6.2　build.gradle 模块图

在当前项目的模块 build.gradle 中，添加 NavigationView 的依赖，代码如下。

```
1  dependencies {
2      implementation fileTree(dir:'libs', include:['*.jar'])
3      implementation 'com.google.android.material:material:1.0.0'
4      implementation 'androidx.appcompat:appcompat:1.0.2'
5      testImplementation 'junit:junit:4.12'
6      androidTestImplementation 'androidx.test:runner:1.1.1'
7      androidTestImplementation 'androidx.test.espresso:espresso-core:3.1.1'
8  }
```

在 res/layout 下创建 activity_setting.xml 文件，用于实现参数设置界面的布局效果，标签结构如下。

```
1   <?xml version="1.0" encoding="utf-8"?>
2   <com.google.android.material.navigation.NavigationView
3       xmlns:android="http://schemas.android.com/apk/res/android"
4       android:layout_width="match_parent"
5       android:layout_height="match_parent">
6       <LinearLayout
7           android:layout_width="match_parent"
8           android:layout_height="match_parent"
9           android:orientation="vertical">
10          <LinearLayout
11              android:layout_width="match_parent"
12              android:layout_height="180dp"
13              android:layout_margin="10dp"
14              android:orientation="vertical">
15
16          </LinearLayout>
17          <LinearLayout
```

```
18            android:layout_width="match_parent"
19            android:layout_height="240dp"
20            android:layout_margin="10dp"
21            android:orientation="vertical">
22
23        </LinearLayout>
24        <Button
25            android:layout_width="wrap_content"
26            android:layout_height="wrap_content"
27            android:onClick="saveData"
28            android:text="参数设置"/>
29    </LinearLayout>
30 </com. google. android. material. navigation. NavigationView>
```

（1）第2—5行和第30行代码：定义导航NavigationView的标签对，整个侧滑效果的布局将在标签对中进行嵌套。

（2）第6—9行和第29行代码：定义线性布局标签对LinearLayout，包括报警参数界面和云平台参数设置两部分布局的效果，对齐方向为垂直。

（3）第10—16行代码：定义报警参数设置的线性布局，该线性布局下摆放温度报警阈值、湿度报警阈值、模式设置等控件元素，接下来将继续在该线性布局中嵌入以上控件元素的XML布局标签和属性。

（4）第17—23行代码：定义云平台参数设置的线性布局，该线性布局下摆放账号、密码、设备ID、模拟上传等信息的控件元素，接下来将继续在线性布局中嵌套以上控件元素的XML布局标签和属性。

接下来为线性布局标签添加background属性，属性值为"@drawable/info_item_shape"，该值引入了res/drawble下的形状样式标签文件info_item_shape.xml。

```
1  <com. google. android. material. navigation.
2      xmlns:android="http://schemas.android.com/apk/res/android"
3      android:layout_width="match_parent"
4      android:layout_height="match_parent">
5      <LinearLayout
6          android:layout_width="match_parent"
7          android:layout_height="match_parent"
8
9          android:orientation="vertical">
10         <LinearLayout
11             android:layout_width="match_parent"
12             android:layout_height="180dp"
```

```
13              android:layout_margin="10dp"
14              android:background="@drawable/info_item_shape"
15              android:orientation="vertical">
16
17          </LinearLayout>
18          <LinearLayout
19              android:layout_width="match_parent"
20              android:layout_height="240dp"
21              android:background="@drawable/info_item_shape"
22              android:layout_margin="10dp"
23              android:orientation="vertical">
24
25          </LinearLayout>
26          <Button
27              android:layout_width="wrap_content"
28              android:layout_height="wrap_content"
29              android:onClick="saveData"
30              android:text="参数设置"/>
31      </LinearLayout>
32  </com.google.android.material.navigation.NavigationView>
```

界面中参数设置界面的线性布局会出现圆角矩形、填充白色效果和深灰色边框线条的效果，如图6.3所示。

图6.3 设置界面布局

报警参数设置包含温度阈值、湿度阈值的文本控件和输入框控件,以及模式设置的文本和开关控件,后续将在报警参数设置的线性布局标签中嵌入以上控件(上述第16行代码处)。

添加显示内容为"报警参数设置"的文本标签,xml添加代码如下所示。

```
1   <LinearLayout
2       android:layout_width="match_parent"
3       android:layout_height="180dp"
4       android:layout_margin="10dp"
5       android:orientation="vertical">
6       <TextView
7           android:layout_width="wrap_content"
8           android:layout_height="wrap_content"
9           android:layout_marginTop="10dp"
10          android:layout_marginLeft="20dp"
11          android:text="报警参数设置"
12          android:textSize="21sp"/>
```

在上面第12行代码的下一行添加温度报警阈值、湿度报警阈值的布局,xml添加代码如下。

```
13      <LinearLayout
14          android:layout_width="match_parent"
15          android:layout_height="50dp"
16          android:gravity="center">
17          <TextView
18              android:layout_width="0dp"
19              android:layout_weight="1"
20              android:gravity="center"
21              android:layout_height="wrap_content"
22              android:text="温度报警阈值(℃)"/>
23          <EditText
24              android:id="@+id/et_temperhold"
25              android:layout_width="0dp"
26              android:layout_weight="2"
27              android:layout_height="wrap_content"
28              android:numeric="decimal"/>
29      </LinearLayout>
30      <LinearLayout
31          android:layout_width="match_parent"
```

```
32          android:layout_height="50dp"
33          android:gravity="center">
34          <TextView
35              android:layout_width="0dp"
36              android:layout_weight="1"
37              android:gravity="center"
38              android:layout_height="wrap_content"
39              android:text="湿度报警阈值(RH)"/>
40          <EditText
41              android:id="@+id/et_humhold"
42              android:layout_width="0dp"
43              android:layout_weight="2"
44              android:layout_height="wrap_content"
45              android:numeric="decimal"/>
46      </LinearLayout>
47
```

在上面第 47 行代码的下一行添加模式设置为手动/自动模式开关的布局，xml 添加代码如下。

```
48      <LinearLayout
49          android:layout_width="match_parent"
50          android:layout_height="50dp"
51          android:paddingBottom="20dp"
52          android:gravity="center">
53          <TextView
54              android:layout_width="0dp"
55              android:layout_weight="1"
56              android:gravity="center"
57              android:textSize="16sp"
58              android:layout_height="match_parent"
59              android:text="模式设置"></TextView>
60          <RelativeLayout
61              android:layout_width="0dp"
62              android:layout_weight="2"
63              android:textColor="@color/colorAccent"
64              android:gravity="center"
65              android:layout_height="match_parent">
66              <Switch
```

67	android:id="@+id/switch_fan"
68	android:layout_alignParentRight="true"
69	android:textOff="手动"
70	android:textOn="自动"
71	android:layout_width="wrap_content"
72	android:layout_height="wrap_content"/>
73	</RelativeLayout>
74	</LinearLayout>
75	</LinearLayout>

完成上述第1—75行代码后,报警参数设置的布局效果制作完成。运行程序,页面效果如图6.4所示。

图6.4 设置界面布局—报警参数设置

报警参数设置界面的布局完成后,继续添加云平台参数设置的布局(父布局的第二个子线性布局),添加显示内容为"云平台参数设置"的文本标签,代码如下。

1	<LinearLayout
2	android:layout_width="match_parent"
3	android:layout_height="240dp"
4	android:layout_margin="10dp"
5	android:background="@drawable/info_item_shape"
6	android:orientation="vertical">
7	<TextView
8	android:layout_width="wrap_content"
9	android:layout_height="wrap_content"

10	android:layout_marginTop="10dp"
11	android:layout_marginLeft="20dp"
12	android:text="云平台参数设置"
13	android:textSize="21sp"/>

在上述第 13 行代码的下一行添加登录新大陆物联网云平台的账号、密码、设备 ID 信息设置的布局代码，xml 布局代码如下。

14	<LinearLayout
15	android:layout_width="match_parent"
16	android:layout_height="50dp"
17	android:gravity="center">
18	<TextView
19	android:layout_width="0dp"
20	android:layout_weight="1"
21	android:gravity="center"
22	android:layout_height="wrap_content"
23	android:text="账号"/>
24	<EditText
25	android:id="@+id/et_account"
26	android:layout_width="0dp"
27	android:layout_weight="2"
28	android:layout_height="wrap_content"/>
29	</LinearLayout>
30	<LinearLayout
31	android:layout_width="match_parent"
32	android:layout_height="50dp"
33	android:gravity="center">
34	<TextView
35	android:layout_width="0dp"
36	android:layout_weight="1"
37	android:gravity="center"
38	android:layout_height="wrap_content"
39	android:text="密码"/>
40	<EditText
41	android:id="@+id/et_password"
42	android:layout_width="0dp"
43	android:password="true"

44	android:layout_weight="2"
45	android:layout_height="wrap_content" />
46	</LinearLayout>
47	<LinearLayout
48	android:layout_width="match_parent"
49	android:layout_height="50dp"
50	android:gravity="center">
51	<TextView
52	android:layout_width="0dp"
53	android:layout_weight="1"
54	android:gravity="center"
55	android:layout_height="wrap_content"
56	android:text="设备 ID"/>
57	<EditText
58	android:id="@+id/et_deviceID"
59	android:layout_width="0dp"
60	android:layout_weight="2"
61	android:layout_height="wrap_content" />
62	</LinearLayout>

在上面第 62 行代码的下一行添加模拟上传数据的新大陆物联网云平台的开关代码，开启该开关后将随机上传数据到云平台。

63	<LinearLayout
64	android:layout_width="match_parent"
65	android:layout_height="50dp"
66	android:paddingBottom="20dp"
67	android:gravity="center">
68	<TextView
69	android:layout_width="0dp"
70	android:layout_weight="1"
71	android:gravity="center"
72	android:textSize="16sp"
73	android:layout_height="match_parent"
74	android:text="模拟上传"></TextView>
75	
76	<RelativeLayout
77	android:layout_width="0dp"
78	android:layout_weight="2"

```
79              android:textColor="@color/colorAccent"
80              android:gravity="center"
81              android:layout_height="match_parent">
82          <Switch
83              android:id="@+id/sw_upload"
84              android:layout_width="wrap_content"
85              android:gravity="left"
86              android:layout_height="wrap_content"></Switch>
87          </RelativeLayout>
88      </LinearLayout>
89  </LinearLayout>
```

完成上述第 1—89 行代码后,完成云平台参数设置界面整体布局制作。运行程序,页面效果如图 6.5 所示。

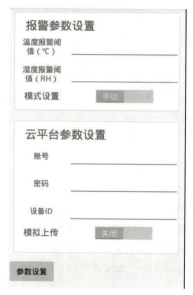

图 6.5　设置界面布局—云平台参数设置

在仓储首页 activity_ware_first.xml 的最外层添加抽屉布局标签 DrawerLayout,用抽屉布局将原来最外层的线性布局包裹,实现抽屉滑出效果,xml 代码如下。

```
1   <?xml version="1.0" encoding="utf-8"?>
2   <androidx.drawerlayout.widget.DrawerLayout xmlns:android="http://schemas.android.com/apk/res/android"
3       xmlns:app="http://schemas.android.com/apk/res-auto"
4       xmlns:tools="http://schemas.android.com/tools"
```

5	android:layout_width="match_parent"
6	android:layout_height="match_parent"
7	android:id="@+id/drawer_layout"
8	tools:context="com.example.smartstorage.activity.WareFirstActivity">
9	<LinearLayout
10	android:layout_width="match_parent"
11	android:layout_height="match_parent"
12	android:orientation="vertical"
13	android:background="@drawable/activity_shape">
	<!--此处省略仓储首页的布局代码-->
14	</LinearLayout>
15	</androidx.drawerlayout.widget.DrawerLayout>

第7行代码：定义 DrawerLayout 的 id 为"drawer_layout"，后续实现对抽屉布局的展开和收回。

在 DrawerLayout 的最后一个子元素位置处添加 include 标签，将前面的 activity_setting.xml 整个布局文件引入仓储首页布局中。

1	<?xml version="1.0" encoding="utf-8"?>
2	<androidx.drawerlayout.widget.DrawerLayout xmlns:android="http://schemas.android.com/apk/res/android"
3	xmlns:app="http://schemas.android.com/apk/res-auto"
4	xmlns:tools="http://schemas.android.com/tools"
5	android:layout_width="match_parent"
6	android:layout_height="match_parent"
7	android:id="@+id/drawer_layout"
8	tools:context="com.example.smartstorage.activity.WareFirstActivity">
9	<!--此处省略仓储首页的布局代码-->
10	<include
11	android:layout_width="320dp"
12	android:layout_height="match_parent"
13	layout="@layout/activity_setting"
14	android:layout_gravity="right"/>
15	
16	</androidx.drawerlayout.widget.DrawerLayout>

小提示：include 相当于在引用处把一个布局文件进行嵌套，通过 layout 属性进行文件的关联，android:layout_gravity="right" 从右边滑出，布局文件的效果将在平台界面上进行呈现。

6.2.2 实现滑动抽屉效果

实现滑动抽屉效果

本节任务,在云平台参数抽屉布局完成后,在仓储首页活动 WareFirstActivity 中监听设置的单击事件,对拖拽布局 DrawerLayout 进行操作来实现配置界面的滑出和收回。

1)定义并实例化 DrawerLayout 对象

在仓储首页 WareFirstActivity 中定义 DrawerLayout 对象 drawerLayout,代码如下。

```
public class WareFirstActivity extends AppCompatActivity implements
    View.OnClickListener {
    static String password="", account="";
    DrawerLayout drawerLayout;
    TextView settingTV;

        //省略其他定义代码……
}
```

前面完成了云平台参数抽屉布局,DrawerLayout 标签在布局文件中的 id 为 drawer_layout;WareFirstActivity 的初始化控件方法为 initView,我们通过 findViewById 对 drawerLayout 进行实例化。

在仓储首页中,定义内容为设置的文本标签对象 settingTV,此处我们完成设置文本标签的实例化。

```
private void initView() {
        drawerLayout = findViewById(R.id.drawer_layout);
      //省略其他控件实例化的代码……
    settingTV = findViewById(R.id.tv_setting);

}
```

> 小提示:initView 方法在创建首页活动时的 onCreate 方法中被调用,前面实现首页布局时已演示代码,此处调用不再赘述。

2)为 DrawerLayout 对象设置展开和收拢

在 initView 中为 settingTV 添加单击事件的监听,代码如下。

```
private void initView() {
      //省略其他代码……
    settingTV.setOnClickListener(this);
      //省略其他代码……
}
```

如图 6.6 所示,在当前 WareFirstActivity 类中,实现了单击监听器 OnClickListener,此处参数可设置为 this,由当前类处理该控件的单击事件。

```
public class WareFirstActivity extends AppCompatActivity implements View.OnClickListener {
    static String password="", account="";
    DrawerLayout drawerLayout;
    RelativeLayout rLayoutLInfo, rLayoutLIn, rlayoutLOut, rlayoutLDOut;
    TextView tempTV, humTV, fireTV, smokeTV, settingTV, warningTV;
    Switch swUpload, swFan;
    ImageView ivFire, ivFan;
```

图 6.6　实现单击监听 OnClickListener

在当前类实现单击监听的 onClick 方法中,对 settingTV 的单击进行处理,若布局处于关闭时被单击则弹出展开设置布局页面,否则收起,代码如下。

```
1   @Override
2   public void onClick(View view) {
3       int vId = view.getId();
4       Intent intent = null;
5       switch (vId) {
6           //被单击的控件 id 为其他时的处理,此处代码被省略……
7           case R.id.tv_setting:
8               if (drawerLayout.isDrawerOpen(Gravity.RIGHT)) {
9                   drawerLayout.closeDrawer(Gravity.RIGHT);
10              } else {
11                  drawerLayout.openDrawer(Gravity.RIGHT);
12              }
13              return;
14          }
15          //此处代码被省略……
16      }
```

(1)第 7 行代码:被单击的控件 id 为设置文本标签的 id 时的处理分支。

(2)第 8—9 行代码:判断当前的 drawerLayout 对象的状态,如果是展开状态,调用 drawerLayout 关闭抽屉的方法,将布局收拢。

(3)第 10—12 行代码:如果当前抽屉布局是收拢状态,则展开抽屉布局。

3)运行测试

单击设置,抽屉布局展开;再次单击设置,抽屉布局收拢,如图 6.7 所示。

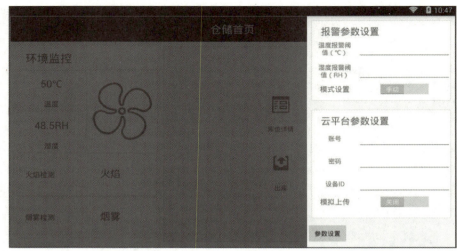

图 6.7　设置单击后滑出效果

知识链接

DrawerLayout 布局

抽屉布局 DrawerLayout

抽屉布局 DrawerLayout 是 android_support_v4.jar 包新增的侧滑菜单控件,在 android 开发中可以用它实现某块界面元素的侧滑效果。

和线性布局 LinearLayout、相对布局 RelativeLayout 等布局一样,DrawerLayout 也是布局的一种,它是支持滑动的布局,用它布局的界面是带抽屉滑动效果的布局,接下来从抽屉布局应用的角度对抽屉布局进行介绍。

（1）抽屉布局特性介绍。

①滑动方向设置。DrawerLayout 滑动方向分为左滑动和右滑动,通过滑动辅助类 ViewDragHelper 的属性处理左滑动或右滑动。可在侧滑布局 xml 文件中设置 layout_gravity 属性的值,决定是左滑还是右滑,android:layout_gravity = "left" 时为左滑,android:layout_gravity = "right" 时为右滑。

控制抽屉滑动的打开或关闭时,DrawerLayout 提供了两个方法 closeDrawer 和 openDrawer,分别用于打开抽屉或关闭抽屉。表 6.2 列出了两个方法的解释说明。

表 6.2　DrawerLayout 常用方法表

序号	方法名	解释
1	closeDrawer	关闭侧拉栏,参数为 Gravity.LEFT 或 Gravity.RIGHT,此参数需与 DrawerLayout 子标签中的 layout_gravity 一致
2	openDrawer	打开侧拉栏,参数为 Gravity.LEFT 或 Gravity.RIGHT,此参数需与 DrawerLayout 子标签中的 layout_gravity 一致
3	setDrawerLockMode	手势滑动的打开或关闭设置

小提示:closeDrawer 或 openDrawer 在使用时需要传参,参数为 Gravity.LEFT 或 Gravity.RIGHT,在调用方法传值时要与 xml 中子标签的 android:layout_gravity 的值一致,否则将报错。

②滑动过程监听。使用抽屉布局时,有时候人们需要对滑动过程进行事件处理,Drawerlayout 在抽屉滑动中提供了包含 3 种状态的反馈:打开、滑动中和关闭。这 3 种状态的监听通过 setDrawerListener(DrawerLayout.DrawerListener)实现监听。在 DrawerListener 中,提供了 4 个回调方法。

- 滑动中 onDrawerSlide 被触发。
- 滑动打开后 onDrawerOpened 被触发。
- 滑动关闭后 onDrawerClosed 被触发。
- 关闭和打开状态改变 onDrawerStateChanged 被触发。

代码使用如下(drawer_layout 为 DrawerLayout 的对象)。

```
1   drawer_layout.setDrawerListener(new DrawerLayout.DrawerListener() {
2         @Override
3         public void onDrawerSlide(View view, float v) {
4
5         }
6         @Override
7         public void onDrawerOpened(View view) {
8
9         }
10        @Override
11        public void onDrawerClosed(View view) {
12            drawer_layout.setDrawerLockMode(
13                DrawerLayout.LOCK_MODE_LOCKED_CLOSED, Gravity.RIGHT);
14        }
15        @Override
16        public void onDrawerStateChanged(int i) {
17        }
18   });
```

(2)实现抽屉布局(左侧滑出)。

接下来我们将在主界面的侧实现抽屉布局效果,整体布局的侧滑效果是显示在 DrawerLayout 上的,所以,使用时第一步需在布局最外层用 DrawerLayout 包裹,示例代码如下所示。

```xml
1   <?xml version="1.0" encoding="utf-8"?>
2   <!-- 使用 DrawerLayout 作为 activity 的根 -->
3   <androidx.drawerlayout.widget.DrawerLayout
        xmlns:android="http://schemas.android.com/apk/res/android"
4       xmlns:app="http://schemas.android.com/apk/res-auto"
5       android:id="@+id/drawer_layout"
6       android:layout_width="match_parent"
7       android:layout_height="match_parent"
8       android:fitsSystemWindows="true">
9
10      <!--  -->
11      <RelativeLayout
12          android:id="@+id/layout_main"
13          android:layout_width="match_parent"
14          android:layout_height="match_parent"
15          />
16
17
18      <!-- NavigationView 为添加滑动内容的容器 -->
19      <com.google.android.material.navigation.NavigationView
20          android:id="@+id/nav_view"
21          android:layout_width="wrap_content"
22          android:layout_height="match_parent"
23          android:layout_gravity="left"
24          android:fitsSystemWindows="true" />
25
26  </androidx.drawerlayout.widget.DrawerLayout>
```

根据官方文档的介绍,在使用 DrawerLayout 时,DrawerLayout 的第一个元素就是主要内容区域(在本案例中是 RelativeLayout),其宽高属性必须是 match_parent。

主要内容区域后的子控件为侧滑效果视图布局(本案例为 NavigationView),可在侧滑效果视图中设置 layout_gravity 的值。这里设置为 left,表示抽屉布局隐藏在左侧,打开布局后将从主界面的左侧弹出。

java 代码中实现单击后打开抽屉布局的响应,drawer_layout 为 DrawerLayout,单击后即展开抽屉布局,示例代码如下所示。

```java
1   public void onClick(View v) {
2       drawer_layout.openDrawer(Gravity.LEFT);
```

```
3    drawer_layout.setDrawerLockMode(DrawerLayout.LOCK_MODE_UNLOCKED,
4        Gravity.LEFT);    //解除锁定
5  }
```

java 代码中实现单击后关闭抽屉布局的响应,drawer_layout 为 DrawerLayout,单击后即关闭抽屉布局,示例代码如下所示。

```
1  public void onClick(View v) {
2      drawer_layout.closeDrawer(Gravity.LEFT);
3      drawer_layout.setDrawerLockMode(
4          DrawerLayout.LOCK_MODE_LOCKED_CLOSED,Gravity.LEFT);   //解除锁定
5  }
```

6.2.3　保存云平台配置参数

前面我们完成了云平台参数布局界面的制作,本节我们将在其控制界面 WareFirstActivity 中,通过 SharedDataUtil 对界面中的温度阈值、湿度阈值、账号、密码、手动/自动模式等控件中涉及的数据进行存储,为后续的功能提供数据基础。

保存云平台配置参数

1)实例化控件对象

WareFirstActivity 中,定义文本编辑框对象,分别有温度阈值、湿度阈值、账号、密码、设备 ID 等 5 个。定义开关对象,分别为手动/自动模式设置、模拟上传等两个开关,代码如下。

```
//省略其他控件的定义……
Switch swUpload, swFan;
//省略其他控件的定义……
    EditText tempHoldET, humHoldET, accountET, passET, deviceET;
//省略其他控件的定义……
```

其中,swUpload:模拟上传的开关对象。swFan:手动/自动模式的开关对象。tempHoldET:温度阈值的文本输入框对象。humHoldET:手动/自动模式的开关对象。accountET:手动/自动模式的开关对象。passET:手动/自动模式的开关对象。deviceET:手动/自动模式的开关对象。

在 initView 方法中,通过 findViewById 对上述控件对象进行初始化,代码如下。

```
1  private void initView() {
2      //省略其他控件的初始化……
3      tempHoldET = findViewById(R.id.et_temperhold);
4      humHoldET = findViewById(R.id.et_humhold);
5      passET = findViewById(R.id.et_password);
```

```
6      accountET = findViewById(R.id.et_account);
7      deviceET = findViewById(R.id.et_deviceID);
8      swUpload = findViewById(R.id.sw_upload);
9      swFan = findViewById(R.id.switch_fan);
10     //省略其他控件的初始化……
11   }
```

2)对数据进行保存

在设置界面 activity_setting.xml 的布局文件中,检查参数设置按钮的单击属性是否包含 android:onClick="saveData",单击该按钮时将调用 saveData 方法。

```
1    <Button
2        android:layout_width="wrap_content"
3        android:layout_height="wrap_content"
4        android:onClick="saveData"
5        android:text="参数设置"/>
```

在 WareFirstActivity 中定义账号、密码、温度阈值、湿度阈值、设备标识号、SharedDataUtil 对象等成员变量。

```
String account,password;
SharedDataUtil sharedDataUtil;
Public static String deviceID;
double temperatureSet,humiditySet;
```

deviceID 用于存储云平台访问的设备 ID 值,这里用 static 做静态修饰,方便全局访问。

在输入温度和湿度阈值后,系统将对温度阈值和湿度阈值进行保存,确保程序退出后,设置的阈值仍然有效;设置界面中单击参数设置后,触发 saveData 方法的调用,实现对设置的阈值数据进行保存,saveData 方法的定义如下。

```
1    public void saveData(View v) {
2        sharedDataUtil.addString("password", passET.getText().toString());
3        sharedDataUtil.addString("account", accountET.getText().toString());
4        sharedDataUtil.addString("temperature",
             tempHoldET.getText().toString());
5        sharedDataUtil.addString("humidity", humHoldET.getText().toString());
6        sharedDataUtil.addString("deviceID", deviceET.getText().toString());
```

```
7        drawerLayout.closeDrawer(Gravity.RIGHT);
8        refreshSettings();
9    }
```

（1）第4行代码：将温度阈值从输入框对象 tempHoldET 中获取，通过 SharedPreferences 对象将阈值存储到当前应用中，下一次应用启动后只需从 SharedPreferences 中读取该值，即可以获取上一次设定的温度阈值。

（2）第5行代码：将湿度阈值从输入框对象 humHoldET 中获取，通过 SharedPreferences 对象将阈值存储到当前应用中，下一次启动应用后只需从 SharedPreferences 中读取该值，即可以获取上一次设定的湿度阈值；同理，第6行代码是云平台的设置项目 ID。

（3）第7行代码：关闭抽屉框，其中参数 Gravity.RIGHT 表示抽屉布局是在父布局的右边滑出或收拢，与布局文件保持一致。

（4）第8行代码：刷新数据。

若单击参数设置按钮，saveData 方法将被调用，该方法分别对密码、账号、温度、湿度、设备 ID 等输入框中的文本数据进行存储。

3）显示上一次保存的数据

控件对象完成初始化后需显示上一次保存的数据，实现方法为 refreshSettings，用于从 sharedDataUtil 中获取数据，代码如下。

```
1    private void refreshSettings(){
2        account = sharedDataUtil.getString("account");
3        password = sharedDataUtil.getString("password");
4        deviceID = sharedDataUtil.getString("deviceID");
5        String ts = sharedDataUtil.getString("temperature");
6        temperatureSet = Double.parseDouble("".equals(ts)?"0":ts);
7        ts=sharedDataUtil.getString("humidity");
8        humiditySet = Double.parseDouble("".equals(ts)?"0":ts);
9    }
```

（1）第5—6行代码：获取设置的温度阈值，并将获取的字符串数据转换为 double 类型，存放在变量 temperatureSet 中，用于数值比较运算。

（2）第7—8行代码：获取设置的湿度阈值，并将获取的字符串数据转换为 double 类型，存放在变量 humiditySet 中，用于数值比较运算。

> 小提示：ShareDataUtil 是使用 SharedPreferences 实现的工具类，工具类中定义了获取数据的方法 getString()，参数为存储时输入的名称，直接得到前面存储到应用中的数据，包括温度、湿度、账号、密码等。

在 initView 方法中，前面完成了云平台设置参数界面中相关控件的初始化。在控件完成初始化后，对控件进行值的设置，代码如下。

```
1  private void initView() {
2    //省略初始化控件的代码
3    refreshSettings();
4    passET.setText(password);
5    accountET.setText(account);
6    deviceET.setText(deviceID);
7    tempHoldET.setText(temperatureSet+"");
8    humHoldET.setText(humiditySet+"");
9  }
```

(1)第3行代码:从sharedDataUtil中获取上一次存储的数据(账号、密码、温度阈值、湿度阈值、设备ID等信息)。

(2)第4—8行代码:让密码输入框对象passET、账号输入框对象accountET、设备ID、信息输入框deviceET、温度阈值tempHoldET、湿度阈值humHoldET等输入框显示上一次保存的信息。

4)运行测试

在模拟器中运行程序,按如下步骤完成程序的功能验证。

(1)在首页中单击设置,输入新大陆物联网云平台的账号、密码、设备ID信息,单击"参数设置"按钮,输入数据如图6.8所示。

图6.8 参数设置

(2)退出App程序后,再次打开应用,在参数设置界面中检查上次设置数据是否存在并与配置一致。若一致,则保存参数功能实现;若不存在,则需要检查调试代码。

6.3 任务检查

在完成云平台参数配置界面及功能(表6.3)后,需要结合 checklist 对代码和功能进行走查,达到如下目的。

(1)确保在项目初期就能发现代码中的 BUG 并尽早解决。

(2)发现的问题可以与项目组成员共享,以免出现类似错误。

表6.3 智能仓储云平台参数功能 checklist

序号	检查项目	检查标准	学生自查	教师检查
1	形状设置文件是否正确	形状 shape 设置,主要作用于仓储设置文件的布局效果,在设置的布局文件的属性 bacground 中引用 info_item_shape,检查是否有圆角和填充效果		
2	温湿度阈值或模式设置的布局效果是否正确	设置界面的报警参数的布局中,是否有设置的圆边角、背景效果,且在整体布局中该区域轮廓分明		
3	账号、密码、设备ID、模拟上传等设置的布局效果是否正确	在设置界面的云平台参数设置的布局中,是否有设置的圆边角、背景效果,且在整体布局中该区域轮廓分明		
4	滑动抽屉的控制是否实现	单击设置,设置布局界面 activity_setting 抽屉滑出,单击空白区域,抽屉滑回		
5	保存云平台参数设置是否实现	输入云平台参数(账号、密码、设备ID),应用退出再启动后,能正确加载上次保存的数据		
6	保存报警参数设置是否实现	输入温度阈值、湿度阈值后,下次再打开应用时,上次输入的数据再次显示在输入框中		
7	整体功能是否实现	运行程序,以上功能均能实现,且无 BUG		

6.4　评价反馈

学生汇报	教师讲评	自我反思与总结
1. 成果展示 2. 功能介绍 3. 代码解释		

6.5　任务拓展

工作任务　云平台参数设置的拓展	
一、任务内容(5 分)	成绩:
在实现云平台参数配置时,通过 DrawerLayout+NavigationView 实现了抽屉展开和关闭的效果。本任务在实现云平台参数配置功能基础上,增加或改变以下内容。 　　(1)修改抽屉布局 DrawerLayout 的 layout_gravity 属性,修改展开和收起方向为右侧。 　　(2)java 代码中通过 closeDrawer 和 openDrawer 控制抽屉布局的打开和关闭。	
二、知识准备(20 分)	成绩:
(1)抽屉布局 DrawerLayout 是_____包。 　　(2)抽屉布局子控件 layout_gravity 属性的值决定布局点开后是左滑还是右滑,android:layout_gravity = _____时为左滑,android:layout_gravity = _____时为右滑。 　　(3)setDrawerListener(DrawerLayout. DrawerListener)设置抽屉的滑动监听,滑动中_____被触发,打开后_____被触发,滑动关闭后_____被触发,关闭和打开状态改变_____被触发。 　　(4)DrawerLayout 类提供了 openDrawer 和 closeDrawer 两个方法,分别用于打开抽屉或关闭抽屉,在使用时传递一个参数,为_____时表示抽屉菜单从左侧弹出,为_____时表示抽屉菜单从右侧弹出。	

续表

三、制订计划（25 分）　　　　　　　　　　　　　　　成绩：

根据任务的要求，制订计划。

作业流程		
序号	作业项目	描述

计划审核	审核意见： 　　　年　　　月　　　日　　　　　　　　签字：

四、实施方案（40 分）　　　　　　　　　　　　　　　成绩：

1. 建立工程

新建 Android 项目"Task7"，包名为"com. example. myapplication"（与示例工程的包名一致），将 activity、adpater、dialog、entity、util 等 java 资源文件拷贝到当前工程的"com. example. myapplication"下，将资源文件 res 的文件全部复制到当前工程的 res，运行工程，检查是否有错。

▼ ■ java 　▼ ■ com.example.myapplication 　　▶ ■ activity 　　▶ ■ adapter 　　▶ ■ dialog 　　▶ ■ entity 　　　　util	工程是否创建完成	□是 □否
	运行是否成功	□是 □否

2. 编写代码

（1）修改 activity_ware_first. xml 文件中 layout_gravity 的值为 left。

`<include`
　`android:layout_width="320dp"`
　`android:layout_height="match_parent"`
　`layout="@layout/activity_setting"`
　`android:layout_gravity="left"/>`
	xml 文件是否报错	□是
		□否

	布局界面效果是否正常	□是 □否

续表

（2）WareFirstActivity 的 initView 中，初始化 DrawerLayout 的对象，初始化完后，默认收拢抽屉对象。

（3）为设置注册单击事件监听。

（4）实现单击事件监听时，判断 DrawerLayout 是否为展开状态。若是展开状态，则调用 closeDrawer 关闭抽屉；若是关闭状态，则调用 openDrawer 打开抽屉。

（5）修改弹框的布局文件，增加布局栏库存和容量两个 TextView 的控件，在 Item 单击事件中，将数据填充到库存和容量的 TextView 控件中。

3. 其他

任务6 云平台参数配置

续表

五、评价反馈(10 分)	成绩:
请根据自己在课程中的实际表现进行自我反思和自我评价。 自我反思:_____ _____ 自我评价:_____ _____	

任务 7
从云平台获取仓储环境数据

任务7 从云平台获取仓储环境数据

任务描述

本任务是在仓储首页界面中实现温度、湿度、火焰和烟雾 4 个数据的获取并在仓储首页界面中进行显示,如图 7.1 所示。在任务实施中,我们选用了新大陆物联网云平台,通过在云平台创建模拟仓储环境,实现应用从云平台进行数据获取,从而能监控仓储环境的数据。

图 7.1 仓储首页环境数据显示

知识目标

- 了解 HTTP 网络通信基本概念。
- 了解线程基本概念,以及多线程之间异步任务的使用方式。
- 掌握 Android 系统网络权限的添加方法。
- 掌握 HTTP 网络通信方式。
- 掌握线程创建和使用方法、线程之间用于消息传递的 Handler 机制。

技能目标

- 能够使用 HTTP 通信完成仓储环境数据的获取。
- 能够创建线程,完成仓储环境异步数据的接收。
- 能够使用 Handler 机制,实现将线程中的仓储环境数据传输至仓储首页界面中显示。

素质目标

- 培养诚实守信、爱岗敬业、精益求精的工匠精神。
- 培养合作能力、交流能力和组织协调能力。
- 培养良好的编程习惯。
- 培养从事工作岗位的可持续发展能力。
- 培养爱国主义情怀,激发使命担当。

> **思政点拨**
> 获取仓储环境参数是通过 Looper、Hanler、Message 和 Message Queue 4 个角色的团结协作共同完成的,在任务中每个角色承担着不同的责任。"青年强,则国家强",引导当代学生感受一代人有一代人的使命,一代人有一代人的担当,倡导学生做有情怀、敢担当的中国特色社会主义事业的建设者和接班人。
> 师生共同思考:作为青少年,我们有哪些责任与担当?

7.1 准备与计划

在仓储首页界面中,温度、湿度、火焰和烟雾 4 个数据的显示,会用到之前学过的 TextView 控件。通过本情境任务功能的实现可以掌握到关于 Android 系统中网络通信编程相关的知识,包括如何访问外网数据、如何解析获取的数据、如何将解析完成的数据加载到仓储首页中并显示出来。完成本情境任务之后,学到的知识点有:了解 HTTP 网络通信基本概念、了解线程基本概念、掌握 Android 系统网络权限的添加方法、掌握 HTTP 网络通信方式、掌握线程创建和使用方法和掌握线程之间用于消息传递的 Handler 机制。

为了更好地完成本情境任务,需要对以前学过的知识有一个准备和复习,包括如何创建 java 类、如何创建 activity 类和布局文件,以及如何编写布局文件等知识。本情境任务功能比较多,需要对任务进行拆解和划分,任务计划单内容包括创建云平台项目、创建 HttpUtil 类、创建接收环境参数实体类 WareEnvData、通过线程方式获取仓储环境数据、通过 Handler 实现线程消息传递和完善仓储首页活动等 5 个工作步骤,见表 7.1。

表 7.1 任务计划单

序号	工作步骤	注意事项
1	创建云平台项目	传感器设备要创建完整和正确
2	创建 HttpUtil 类	用户登录和云平台数据获取方法的实现
3	创建接收环境参数实体类 WareEnvData	成员变量保存数据的含义
4	通过线程方式获取仓储环境数据	添加网络访问权限
5	通过 Handler 实现线程消息传递和完善仓储首页活动	子线程与主线程数据交互的机制

7.2 任务实施

7.2.1 创建云平台项目

具体步骤,请扫描二维码查看!

7.2.2 创建 HttpUtil 类

创建云平台项目

创建 HttpUtil 类

HttpUtil 类的主要功能是实现用户登录云平台,以及从云平台获取仓储环境数据。

(1)打开智能仓储工程,在包路径"com. example. smartstorage. entity"下,新建 HTTP 通信工具类,类名为 HttpUtil 类。具体步骤:选中路径→单击右键→"New"→"Java Class",创建完成之后查看 HttpUtil 类是否存在。

(2)双击打开"HttpUtil. java"文件,需要编写 Http 网络通信接收数据的实现方法,以及使用 Http 网络通信的 post 方法,实现用户数据的上报,编写代码如下。

```
1    public class HttpUtil {
2      public static String AccessToken = "";
3
4      public static String getData(String httpUrl) {
5        URL url = null;
6        byte[] buf = new byte[20480];
7        try {
8          url = new URL(httpUrl);
9          HttpURLConnection conn = (HttpURLConnection) url
10             .openConnection();
11         conn.setRequestMethod("GET");
12         conn.setRequestProperty("AccessToken", AccessToken);
13         InputStream is = conn.getInputStream();
14         conn.connect();
15         is.read(buf);
16       } catch (MalformedURLException e) {
17         e.printStackTrace();
18       } catch (IOException e) {
```

```
19            e.printStackTrace();
20        }
21        return new String(buf);
22    }
23    public static String postData(String httpUrl,String account,String password){
24        URL url = null;
25        byte[] buf = new byte[20480];
26        String param = "{\"Account\":\""+account+"\",\"Password\":\""+password+"\"}";
27        try{
28            url = new URL(httpUrl);
29            HttpURLConnection conn = (HttpURLConnection) url
30                .openConnection();
31            conn.setRequestMethod("POST");
32            conn.setRequestProperty("AccessToken",AccessToken);
33            conn.setRequestProperty("Content-Type", "application/Json; charset=UTF-8");
34            OutputStream out = conn.getOutputStream(); //写
35            out.write(param.getBytes());
36            out.flush();
37            out.close();
38            InputStream is = conn.getInputStream();
39            conn.connect();
40            is.read(buf);
41        } catch (MalformedURLException e) {
42            e.printStackTrace();
43        } catch (IOException e) {
44            e.printStackTrace();
45        }
46        return new String(buf);
47    }
48    public static String postData(String httpUrl, String params){
49        URL url = null;
50        byte[] buf = new byte[20480];
51        try{
52            url = new URL(httpUrl);
53            HttpURLConnection conn = (HttpURLConnection) url
```

```
54                .openConnection();
55            conn.setRequestMethod("POST");
56            conn.setRequestProperty("AccessToken",AccessToken);
57            conn.setRequestProperty("Content-Type","application/Json;charset=UTF-8");
58            OutputStream out = conn.getOutputStream();  //写
59            out.write(params.getBytes());
60            out.flush();
61            out.close();
62            InputStream is = conn.getInputStream();
63            conn.connect();
64            is.read(buf);
65        } catch(MalformedURLException e) {
66            e.printStackTrace();
67        } catch(IOException e) {
68            e.printStackTrace();
69        }
70        return new String(buf);
71    }
72 }
```

①第2—3行代码:定义两个字符串类型的公共静态类成员变量,分别用于保存访问网站的访问令牌和物联网云平台中的设备ID,具体含义见表7.2。

表7.2 HttpUtil 类公共静态类成员变量及含义

成员变量	含义
AccessToken	访问网站的访问令牌
deviceID	物联网云平台中的设备ID

②第4行代码:在该类中编写了 getData 方法,主要功能是从物联网云平台中获取服务器返回的温度、湿度、火焰、烟雾数据,数据为 JSON 格式的字符串,最后将该字符串返回。该方法中有一个参数,即 String httpUrl,用于指定访问服务器的 URL 地址。

③第5—6行代码:分别定义 URL url 和 byte[] buf 两个变量,其中 url 用于保存统一资源定位符地址,buf 用于保存从服务器返回的数据。

④第8—21行代码:实例化 URL 对象,通过 url 打开 URL 链接,得到 HttpURLConnection 对象 conn。通过 conn 设置 HTTP 访问方式为 GET,在请求中添加访问令牌。使用 conn 对象获取 HTTP 网络通信字节输入流,然后与服务器取得 HTTP 连接;连接成功之后,读取服务器返回的数据并存放到字节数组 buf 中;最后将字节数组 buf 转换为字符串,转换方法为 new String(buf)。

⑤第 23 行代码:在该类中编写了 postData 方法,主要功能是实现用户账号登录,得到 AccessToken,也就是访问令牌。该方法中有 3 个参数,分别是 String httpUrl,String account,String password。其中,httpUrl 用于指定访问 API 接口地址,account 用于保存用户账号,password 用于保存用户密码。

⑥第 26 行代码:定义 param 变量,用于保存 HTTP 通信里面上报的参数信息,这里使用的是 JSON 格式,进行账号和密码的传递。

⑦第 28—30 行代码:实例化 URL 对象,通过 url 打开 URL 链接,得到 HttpURLConnection 对象 conn。

⑧第 31—46 行代码:在第 31 行 HTTP 网络通信请求属性中设置 POST 请求方式,第 32 行 HTTP 网络通信请求属性中设置访问令牌,第 33 行 HTTP 网络通信请求属性中设置参数类型为 json 格式。通过 conn 对象获取输出流 OutputStream 类和输入流 InputStream 类。在输出流中写入要上传的数据信息,也就是用户账号和密码信息,然后刷新缓存,关闭输出流;在输入流中读取云平台返回的数据信息,存放在 byte 类型的 buf 数组中,最后将字节数组 buf 转换为字符串类型,并返回。

⑨第 48 行代码:在该类中编写了 postData 方法,主要功能是实现指定数据的上传提交,并返回云平台下发的数据。该方法中有两个参数,分别是 String httpUrl 和 String params。其中,httpUrl 用于指定访问服务器的接口地址,params 用于保存需要提交到云平台的数据。

⑩第 49—50 行代码:分别定义 URL url 和 byte[ ] buf 两个变量。其中,url 用于保存统一资源定位符地址,buf 用于保存从服务器返回的数据。

⑪第 52—54 行代码:实例化 URL 对象,通过 url 打开 URL 链接,得到 HttpURLConnection 对象 conn。

该程序段对应的两个方法的详细说明,见表 7.3—表 7.5。

表 7.3　getData 函数

函数名	getData
函数原型	public static String getData(String httpUrl)
功能描述	从物联网云平台中获取服务器返回的温度、湿度、火焰、烟雾数据,数据为 JSON 格式的字符串,最后将该字符串返回
入口参数	httpUrl:指定访问服务器的 URL 地址
返回值	返回云平台数据
注意事项	无

表 7.4　postData 函数(3 个参数)

函数名	postData
函数原型	public static String postData(String httpUrl,String account,String password)
功能描述	实现用户账号登录,得到 AccessToken,也就是访问令牌,返回云平台数据

续表

函数名	postData
入口参数	httpUrl：访问服务器的接口地址 account：用户账号 password：用户密码
返回值	返回云平台数据
注意事项	无

表 7.5　postData 函数（两个参数）

函数名	postData
函数原型	public static String postData（String httpUrl，String params）
功能描述	指定数据的上传提交，并返回云平台下发的数据
入口参数	httpUrl：访问服务器的接口地址 params：上传云平台的数据参数
返回值	返回云平台数据
注意事项	无

知识链接

1）HTTP 简介

HTTP（HyperText Transfer Protocal），是一种基于 TCP/IP 协议的传输协议。超文本 OSI 模型把网络通信的工作分为 7 层，分别是物理层、数据链路层、网路层、传输层、话路层、表示层和应用层。而 Http 协议是应用层协议。当人在上网浏览网页时，浏览器和 Web 服务器之间就会通过 HTTP 在 Internet 上进行数据的发送和接收。HTTP 是一个基于请求/响应模式的、无状态的协议，即通常所说的 Request/Response。

HttpURLConnection 使用举例

> 小提示：本节任务中温度、湿度、火焰、烟雾 4 个数据的获取及传输，就是通过 HTTP 协议来完成的。

2）HTTP 消息结构

HTTP 是基于客户端/服务端（C/S）的架构模型，通过一个可靠的链接来交换信息，是一个无状态的请求/响应协议。

一个 HTTP 客户端是一个应用程序（Web 浏览器或其他任何客户端），通过连接到服务器达到向服务器发送一个或多个 HTTP 的请求的目的。

一个 HTTP 服务器同样也是一个应用程序（通常是一个 Web 服务，如 Apache Web 服务器或 IIS 服务器等),通过接收客户端的请求并向客户端发送 HTTP 响应数据。

HTTP 使用统一资源定位符(Uniform Resource Locator,URL)来传输数据和建立连接。

3) URL 简介

URL 即统一资源定位符,用来表示从互联网上得到的资源位置和访问这些资源的方法。URL 给资源的位置提供一种抽象的识别方法,并用这种方法给资源定位,只要能对资源定位,系统就可以对资源进行操作。由此可见,URL 实际上就是在互联网上的资源的地址。需要注意的是,互联网上所有的资源都有一个唯一的 URL 相对应。

通常,URL 由协议、主机、端口、路径四部分组成。

格式:<协议>://<主机>:<端口>/<路径>

例如:http://api.nlecloud.com:80/users/login

由此可见,URL 的第一部分是最左边的协议,这里的协议就是指使用什么协议来访问互联网文档。在协议后边的://是规定的格式。它的右边是第二部分主机,它指出这个资源在哪个主机上。这里的主机是指主机在互联网上的域名。再后边是端口和路径。这里需要注意的是,http 的默认端口是 80,通常可省略不写。

4) HTTP 请求方法

根据 HTTP 标准,HTTP 请求可以使用多种请求方法。

HTTP1.0 定义了 3 种请求方法:GET,POST 和 HEAD 方法。

HTTP1.1 新增了 6 种请求方法:OPTIONS,PUT,PATCH,DELETE,TRACE 和 CONNECT 方法。下面针对以上 9 种方法进行详细介绍,见表 7.6。

表 7.6 HTTP 请求方法类型及描述

序号	方法	描述
1	GET	请求指定的页面信息,并返回实体主体
2	HEAD	类似于 GET 请求,只不过返回的响应中没有具体的内容,用于获取报头
3	POST	向指定资源提交数据进行处理请求(例如提交表单或上传文件)。数据被包含在请求体中。POST 请求可能会导致新的资源的建立和/或已有资源的修改
4	PUT	从客户端向服务器传送的数据取代指定的文档中内容
5	DELETE	请求服务器删除指定的页面
6	CONNECT	HTTP/1.1 协议中预留给能够将连接改为管道方式的代理服务器
7	OPTIONS	允许客户端查看服务器的性能
8	TRACE	回显服务器收到的请求,主要用于测试或诊断
9	PATCH	是对 PUT 方法的补充,用来对已知资源进行局部更新

小提示:用户登录云平台使用的是 POST 方法,云平台数据获取使用的是 GET 方法。

5) HTTP 状态码

当浏览者访问一个网页时,浏览者的浏览器会向网页所在服务器发出请求。当浏览器接收并显示网页前,此网页所在的服务器会返回一个包含 HTTP 状态码的信息头(server header)用以响应浏览器的请求。

HTTP 状态码由 3 个十进制数字组成,第一个十进制数字定义状态码的类型,后两个数字没有分类的作用。HTTP 状态码的英文为 HTTP Status Code,具体见表 7.7 和表 7.8。

表 7.7　HTTP 状态码

状态码	描述
200	请求成功
301	资源(网页等)被永久转移到其他 URL
404	请求的资源(网页等)不存在
500	内部服务器错误

表 7.8　HTTP 状态码

类型	分类描述
1**	信息,服务器收到请求,需要请求者继续执行操作
2**	成功,操作被成功接收并处理
3**	重定向,需要进一步操作以完成请求
4**	客户端错误,请求包含语法错误或无法完成的请求
5**	服务器错误,服务器在处理请求的过程中发生了错误

6) HttpURLConnection 网络请求

HttpURLConnection 是进行 HTTP 网络通信的抽象类,继承自 URLConnection 抽象类。在 Android 开发中进行 HTTP 网络请求,Android SDK 提供了两种接口。

(1)标准 java 接口(java.NET))-HttpURLConnection,可以实现简单的基于 URL 请求、响应功能。

(2)apache 接口(org.apache.http)-HttpClient,可以快速开发出功能强大的 HTTP 程序。(Android6.0 之后放弃使用 HttpClient,用 HttpURLConnection 代替 HttpClient)。

目前使用 HttpURLConnection 类进行 HTTP 网络通信比较多,适配性比较强,因此将重点介绍 HttpURLConnection 类。HttpURLconnection 基于 HTTP 协议,支持 GET、POST、PUT、DELETE 等请求方法,其中最常用的是 GET 和 POST 请求方法。

小提示:HTTP 常用请求方法为 GET 和 POST。

7）HttpURLConnection 常用方法

HttpURLConnection 常用方法及说明见表 7.9。

表 7.9　HttpURLConnection 常用方法及说明

方法	说明
void setRequestMethod(String method)	根据 method，为 URL 设置请求方法
void setRequestProperty(String key, String value)	设置通用请求属性。如果属性带有的键/值已经存在，将其值改写为新值
OutputStream getOutputStream()	返回写入数据的 OutputStream（输出流）类对象
InputStream getInputStream()	返回读取数据的 InputStream（输入流）类对象
void connect()	打开指向此 URL 引用的资源的通信链接

7.2.3　创建接收环境参数实体类 WareEnvData

创建接收环境
参数实体类
WareEnvData

(1) 打开智能仓储工程，在包路径"com.example.smartstorage.entity"下，新建环境参数实体类，类名为"WareEnvData"。具体操作：选中路径→单击右键→"New"→"Java Class"。创建完成之后查看 WareEnvData 类是否存在。

(2) 双击打开"WareEnvData.java"文件，需要编写类成员变量，包括温度、湿度、烟雾、火焰、人体和风扇，以及类成员对应的 set 方法和 get 方法。参考代码如下。

```
1    public class WareEnvData {
2        double m_humidity,m_temperature;//湿度(%),温度(℃)
3        int m_smoke,m_fire,m_body;//烟雾(1 有,0 无),火焰(1 有,0 无),是否有人//(1 有,0 无)
4        String fan;
5
6        public double getM_humidity() {
7            return m_humidity;
8        }
9
10       public void setM_humidity(double m_humidity) {
11           this.m_humidity = m_humidity;
12       }
13
14       public double getM_temperature() {
15           return m_temperature;
16       }
17
```

```java
18    public void setM_temperature(double m_temperature) {
19        this.m_temperature = m_temperature;
20    }
21
22    public int getM_smoke() {
23        return m_smoke;
24    }
25
26    public void setM_smoke(int m_smoke) {
27        this.m_smoke = m_smoke;
28    }
29
30    public int getM_fire() {
31        return m_fire;
32    }
33
34    public void setM_fire(int m_fire) {
35        this.m_fire = m_fire;
36    }
37
38    public int getM_body() {
39        return m_body;
40    }
41
42    public void setM_body(int m_body) {
43        this.m_body = m_body;
44    }
45    public WareEnvData random(){
46        m_humidity = ((int)(Math.random()*1000))/10.0;
47        m_temperature = 20+((int)(Math.random()*350))/10.0;
48        m_smoke = (int)(Math.random()*2);
49        m_fire = (int)(Math.random()*2);
50        m_body = (int)(Math.random()*2);
51        return this;
52    }
53
54    public String getFan() {
```

```
55              return fan;
56         }
57
58      public void setFan(String fan) {
59           this.fan = fan;
60      }
61 }
```

①第2—4行代码:定义环境参数实体类的6个成员变量,其具体含义见表7.10。

表7.10 WareEnvData 类成员变量及含义

成员变量	含义
m_humidity	存放湿度数据
m_temperature	存放温度数据
m_smoke	存放烟雾数据
m_fire	存放火焰数据
m_body	存放人体感应传感器数据
fan	存放风扇状态数据

②第6—44行代码:分别设置成员变量 m_humidity,m_temperature,m_smoke,m_fire,m_body 的 get 和 set 方法,便于后续其他类使用。

③第45—52行代码:分别对湿度、温度、烟雾、火焰和人体感应传感器数据使用 random 方法产生随机值。

④第54—60行代码:设置成员变量 fan 的 get 和 set 方法,便于后续其他类使用。

7.2.4 通过线程方式获取仓储环境数据

通过线程方式获取仓储环境数据

1)实例化环境数据显示控件

在仓储首界面 WareFirstActivity 类中添加成员变量,代码如下。

```
1  TextView tempTV, humTV, fireTV, smokeTV;
2  boolean ActivityRunning = true;
3  static WareEnvData wareEnvData = new WareEnvData();
```

①第1行代码:分别定义用于温度数据显示、湿度数据显示、火焰数据显示和烟雾数据显示的四个文本显示控件。

②第2行代码:线程运行标志,ActivityRunning 为真时运行线程中的逻辑代码,ActivityRunning 为"假"时不运行逻辑代码。

2）在 onCreate 方法中添加代码

（1）在 WareFirstActivity 类的 onCreate 方法中主要调用了界面的初始化方法 initView()和数据初始化方法 initData()，添加如下加粗代码。

```
1    protected void onCreate(Bundle savedInstanceState) {
2        super.onCreate(savedInstanceState);
3        requestWindowFeature(Window.FEATURE_NO_TITLE);
4        ActionBar actionBar = getSupportActionBar();
5        actionBar.hide();
6        setContentView(R.layout.activity_ware_first);
7
8        initView();
9        initData();
10   }
```

（2）在 WareFirstActivity 类中继续编写 initView 方法，完成对温度数据显示、湿度数据显示、火焰数据显示和烟雾数据显示四个控件的实例化。initView 方法中的添加代码如下。

```
1    private void initView() {
     //………………………………………
2        tempTV = findViewById(R.id.tv_wf_temp);
3        humTV = findViewById(R.id.tv_wf_hum);
4        fireTV = findViewById(R.id.tv_wf_fire);
5        smokeTV = findViewById(R.id.tv_wf_smoke);
6    }
```

①第 2 行代码：实例化温度数据显示文本控件。
②第 3 行代码：实例化湿度数据显示文本控件。
③第 4 行代码：实例化火焰数据显示文本控件。
④第 5 行代码：实例化烟雾数据显示文本控件。

（3）在 WareFirstActivity 类中继续编写 initData 方法，因为 HTTP 网络通信会耗费比较长的时间，所以需要在该方法中创建一个子线程，来完成移动端和云平台直接的网络通信，添加如下代码。

```
1    private void initData() {
2        new Thread(new Runnable() {
3            @Override
4            public void run() {
5                //用户代码
6            }
```

```
7        }).start();
8    }
```

①第 2 行代码:创建了一个子线程,并实现了 Runnable 接口。
②第 4—5 行代码:在 run 方法中编写用户逻辑代码。
③第 7 行代码:调用线程的 start 方法,启动线程。

3)完善 run 方法

在 run 方法中继续编写用户逻辑代码,完成云平台数据的获取,代码如下。

```
1    public void run() {
2        boolean tokenAlive = true;
3        while (ActivityRunning) {
4            if (!tokenAlive || HttpUtil.AccessToken.isEmpty()) {
5                if (account.isEmpty() || password.isEmpty())
6                    continue;
7                String res = HttpUtil.postData("http://api.nlecloud.com/users/login",
8                        account, password);
9                try {
10                   JSONObject jo = new JSONObject(res);
11                   HttpUtil.AccessToken = jo.getJSONObject("ResultObj").getString("AccessToken");
12               } catch (JSONException e) {
13                   e.printStackTrace();
14               }
15           }
16           if (HttpUtil.AccessToken != null) {
17               String res2 = HttpUtil.getData("http://api.nlecloud.com/devices/"+deviceID+"/Datas?PageSize=6");
18               try {
19                   JSONObject object = new JSONObject(res2);
20                   JSONObject resObj = object.getJSONObject("ResultObj");
21
22                   JSONArray dataArray = resObj.getJSONArray("DataPoints");
//0://湿度,1:温度,2:烟雾,3:火焰
23
24                   for (int i = 0; i < dataArray.length(); i++) {
```

```
25              JSONObject o = dataArray.getJSONObject(i).get
JSONArray("PointDTO").getJSONObject(0);
26              if(dataArray.getJSONObject(i).toString().contains
("humidity"))
27                  wareEnvData.setM_humidity(o.getDouble("Value"));
28              if(dataArray.getJSONObject(i).toString().contains
("temperature"))
29                  wareEnvData.setM_temperature(o.getDouble
("Value"));
30              if(dataArray.getJSONObject(i).toString().contains
("smoke"))
31                  wareEnvData.setM_smoke(o.getInt("Value"));
32              if(dataArray.getJSONObject(i).toString().
contains("fire"))
33                  wareEnvData.setM_fire(o.getInt("Value"));
34              if(dataArray.getJSONObject(i).toString().
contains("body"))
35                  wareEnvData.setM_body(o.getInt("Value"));
36              if(dataArray.getJSONObject(i).toString().
contains("fan"))
37                  wareEnvData.setFan(o.getString("Value"));
38          }
39              //Message msg = Message.obtain();
40              //msg.obj = wareEnvData;
41              //mHandler.sendMessage(msg);
42      } catch(JSONException e){
43          tokenAlive = false;
44          e.printStackTrace();
45      }
46  }
47      try{
48          Thread.sleep(2000);
49      } catch(InterruptedException e){
50          e.printStackTrace();
51      }
52  }
53
54 }
```

（1）第4—6行代码：如果访问令牌失效，再判断账号和密码是否输入。如果没有，为了避免登录异常或无效登录，不获取新的访问令牌，继续下次循环。

（2）第7—11行代码：调用之前编写的HttpUtil类的postData方法，实现用户登录云平台，并保存访问令牌AccessToken，以便下次直接登录。

（3）第17行代码：调用之前编写的HttpUtil类的getData方法，实现云平台传感器数据的获取，并返回JSON格式的字符串数据。

（4）第19—22行代码：其中，第19行代码将云平台JSON格式字符串数据作为JSONObject类构造参数进行实例化，第20行代码从JSONObject类对象object中获取ResultObj节点的JSON数据，第22行代码从JSONObject类对象resObj中获取DataPoints节点的JSON数据。

（5）第23—38行代码：从JSONArray（JSON格式数组）类型的dataArray变量中，JSON解析云平台返回的JSON字符串传感器数据，湿度数据用WareEnvData类中的m_humidity成员变量保存，温度数据用WareEnvData类中的m_temperature成员变量保存，烟雾数据用WareEnvData类中的m_smoke成员变量保存，火焰数据用WareEnvData类中的m_fire成员变量保存，人体感应数据用WareEnvData类中的m_body成员变量保存，风扇数据用WareEnvData类中的fan成员变量保存。

（6）第39—41行代码：暂时屏蔽这3行代码，后面需要使用时再打开屏蔽。

（7）第43行代码：JSON格式数据转换出现异常，用户在线标识tokenAlive赋值为"假"。

（8）第47—51行代码：线程每隔2秒钟后，再进行仓储环境数据的获取。

4）更改数据获取线程运行标志状态

（1）在WareFirstActivity类中增加Activity自带的onStop方法，并将ActivityRunning赋值为假，编写代码如下。

```
1   @Override
2   protected void onStop() {
3       ActivityRunning = false;
4       super.onStop();
5   }
```

①第1行代码：方法覆写标记，由编程软件自动生成。

②第2—3行代码：覆写父类的onStop方法，在该方法中将ActivityRunning赋值为"假"。

③第4行代码：通过super访问父类的onStop构造方法。

（2）在WareFirstActivity类中增加Activity自带的onResume方法，并将ActivityRunning赋值为"真"，编写代码如下。

```
1   @Override
2   protected void onResume() {
```

```
3        ActivityRunning = true;
4        super.onResume();
5    }
```

①第 1 行代码：方法覆写标记，由编程软件自动生成。

②第 2—3 行代码：覆写父类的 onResume 方法，在该方法中将 ActivityRunning 赋值为"真"。

③第 4 行代码：通过 super 访问父类的 onResume 构造方法。

5）添加网络访问权限

要通过 HTTP 网络通信获取云平台仓储环境数据，除了要编写好获取数据的线程，还需要添加网络访问权限，这样 Android 程序才能够访问外部网络。添加网络访问权限步骤如下。

双击打开 AndroidManifest.xml 配置文件，在对应位置添加图 7.2 方框中的代码，完成网络访问权限功能添加。

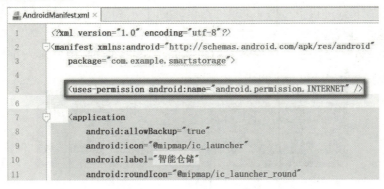

图 7.2　添加网络访问权限

知识链接

1）多线程的概念

想要知道什么是多线程，我们首先要了解线程这个概念。线程（Thread）是程序执行流的最小单位，进程是线程的容器，一个进程可以有一个或多个线程，各个线程共享进程的内存。可能线程这个概念对 Android 的初学者来说不容易理解，现举个实际生活中的例子来帮助理解。

比如，你去一家理发店剪头发，理发店只有一个理发师，当这个理发师给你剪头发时，理发店里其他要剪头发的人就得等着。但是，如果这个理发店有多个理发师的话，那么在同一时刻就可以给多个人剪头发，而不至于浪费理发店的空余座位，这里举 A、B 两个理发师，分别接待甲、乙两个顾客为例。

上面例子中的理发店可以理解成一个进程，理发师共享理发店里面的设备资源，而 A、B 两个理发师可以理解成两个线程。在现实生活中，对于这种可以同时进行的任务，在 Android 中可以用线程表示，每个线程完成一个任务，并与其他线程同时执行。

多线程就是一个进程里面，有多个线程正在执行，人们称其为多线程。

2）进程基本知识

进程（Process）是计算机中的程序关于某数据集合上的一次运行活动，是系统进行资源分配和调度的基本单位，是操作系统结构的基础。在早期面向进程设计的计算机结构中，进程是程序的基本执行实体；在当代面向线程设计的计算机结构中，进程是线程的容器。程序是指令、数据及其组织形式的描述，进程是程序的实体。

综上所述，进程可以被简单理解为一个可以独立运行的程序单位。它是线程的集合，进程就是由一个或多个线程构成的，每一个线程都是进程中的一条执行路径。

3）线程的概念

在 Android 系统中，当人们启动一个 Android 程序时，Android 系统会启动一个 Linux Process，该 Process 包含一个 Thread，称为 UI Thread 或 Main Thread（界面线程或主线程）。通常一个应用的所有组件都运行在这一个进程中，当然，你可以在 AndroidManifest.xml 文件中，通过修改 android:process 属性，让四大组件（Activity、Service、Broadcast Receiver、Content Provider）运行在其他进程中。当一个组件在启动的时候，如果该进程已经存在，那么该组件就直接通过这个进程被启动起来，并且运行在这个进程的 UI Thread 中。

在 UI Thread 中运行着许多重要的逻辑，如系统事件处理、用户输入事件处理、图形界面绘制、Service 和 Alarm 等，如图 7.3 所示。

图 7.3　UI Thread 包含逻辑

4）使用多线程的目的

用户编写的代码则是穿插在 UI Thread 运行着的这些逻辑之间，比如对用户触摸事件的检测和响应、对用户输入的处理、自定义 View 的绘制等。如果我们插入的代码比较耗时，如网络请求或数据库存取数据，就会阻塞 UI 线程其他逻辑的执行，从而导致界面卡顿。如果卡顿时间超过 5 秒，Android 系统就会报 ANR（无响应）错误。所以，如果要执行耗时的操作，我们就需要创建新的线程。

因此，使用多线程的目的是在将耗时任务（网络请求、文件读取等）放在后台继续执行时，不会影响程序执行其他操作，从而提高程序的运行效率和响应速度。

5）线程的创建与常用方法

（1）创建线程。

在 Android 中，提供了以下 3 种常见创建线程的方法。

- 直接通过 Thread 类创建线程。

异步线程

异步线程的使用——实现文本滑动

异步线程的使用——实现文本旋转

- 继承 Thread 类创建线程。
- 覆写 Runnable 接口创建线程。

①直接通过 Thread 类创建线程。需要通过 Thread 类构造方法程序线程,构造方法为 public Thread(Runnable target)。该构造方法的参数 target 可以通过创建一个 Runnable 接口的匿名内部类对象,并重写 run 方法来实现。这里需要注意的是,run 方法为线程类的核心方法,相当于主线程的 main 方法,是每个线程的运行入口。例如,要创建一个名为"myThread"的线程,参考代码如下。

```java
Thread myThread = new Thread(new Runnable(){
    @Override
    public void run(){
        
    }
});
```

或者可以不要线程名称,直接实例化线程,参考以下代码。

```java
new Thread(new Runnable(){
    @Override
    public void run(){
        
    }
});
```

②继承 Thread 类创建线程。可以通过自定义类,让该类去继承 Thread 类,并重写 run 方法。例如,自定义 MyThread 类,使用该类创建一个名称为 newThread 的线程,参考代码如下。

```java
class MyThread extends Thread{
    @Override
    public void run(){
        
    }
}
MyThread newThread = new MyThread();
```

③覆写 Runnable 接口创建线程。可以通过自定义类,让该类去实现 Runnable 接口,并重写 run 方法。例如,自定义 MyRunnable 类,使用该类创建一个名称为 myThread 的线程,参考代码如下。

```
class MyRunnable implements Runnable {
    @Override
    public void run( ) {


    }
}
Thread myThread = new Thread(new MyRunnable( ));
```

> 小提示:一般推荐使用覆写 Runnable 接口的方式,其原因是一个类应该在其需要加强或者修改时才会被继承。

(2)线程常用方法名称及说明见表 7.11。

表 7.11 线程常用方法名称及说明

常用方法	说明
synchronized void start( )	启动线程方法。线程调用该方法将启动线程从新建状态进入就绪,一旦轮到享用 CPU 资源,就开始执行线程
void sleep(long millis)	线程休眠方法。当某种情况下需要暂停执行线程时,可以指定线程休眠的时间(millis),单位毫秒
void interrupt( )	线程中断方法。当某种情况下需要中断线程执行时,可以通过该方法中断线程执行

7.2.5 通过 Handler 实现线程消息传递和完善仓储首页活动

Handler(消息处理)类,用于发送子线程消息和在主线程中接收并处理子线程发送过来的消息。由于在子线程中不能直接更新用户界面,需要使用 Handler 进行子线程和主线程之间的数据交互和处理。

异常消息同步机制 Handler

通过 Handler 实现线程消息传递

1)定义 Handler 类

在仓储首界面 WareFirstActivity 类中成员变量定义结束的下一行,添加 Handler 类代码,用于接收子线程传递过来的数据,代码如下。

```
1   Handler mHandler = new Handler( ) {
2       @Override
3       public void handleMessage(@NonNull Message msg) {
4           WareEnvData data = (WareEnvData) msg.obj;
5           tempTV.setText("" + data.getM_temperature( ) + "℃");
6           humTV.setText("" + data.getM_humidity( ) + "RH");
7
```

```
 8                if ( data. getM_fire( ) = = 0 ) {
 9                    fireTV. setTextColor( Color. GREEN);
10                    fireTV. setText("无火焰");
11                } else {
12                    fireTV. setTextColor( Color. RED);
13                    fireTV. setText("有火焰");
14                }
15                if ( data. getM_smoke( ) = = 0 ) {
16                    smokeTV. setTextColor( Color. GREEN);
17                    smokeTV. setText("无烟雾");
18                } else {
19                    smokeTV. setTextColor( Color. RED);
20                    smokeTV. setText("有烟雾");
21                }
22            }
23      };
```

(1)第1—3行代码:创建 Handler 类并重写 handleMessage(Message msg)方法,用于接收和处理子线程传递过来的 Message 对象。注意:Handler 类的导包路径为 android. os. Handler。

(2)第4行代码:接收 Handler 传递过来的 Message 消息,调用 Message 类中 obj 成员变量,获取保存仓储环境数据的 WareEnvData 类对象 data。

(3)第5—6行代码:通过 WareEnvData 类对象 data,调用 getM_temperature 方法获取温度数据,并在温度数据显示文本控件中显示温度值。同理,调用 getM_humidity 方法,获取湿度数据,并在湿度数据文本控件中显示湿度值。

(4)第8—14行代码:通过 WareEnvData 类对象 data,调用 getM_fire 方法获取火焰数据。如果火焰数据值为0,表示没有火焰发生,火焰数据文本控件中显示"无火焰",通过 TextView 类的 setTextColor 方法,将文本框字体颜色显示为绿色。如果火焰数据值为1,表示有火焰发生,火焰数据文本控件中显示"有火焰",通过 TextView 类的 setTextColor 方法,将文本框字体颜色显示为红色。

(5)第15—21行代码:通过 WareEnvData 类对象 data,调用 getM_smoke 方法获取烟雾数据。如果烟雾数据值为0,表示没有烟雾发生,烟雾数据文本控件中显示"无烟雾",通过 TextView 类的 setTextColor 方法,将文本框字体颜色显示为绿色。如果烟雾数据值为1,表示有烟雾发生,烟雾数据文本控件中显示"有烟雾",通过 TextView 类的 setTextColor 方法,将文本框字体颜色显示为红色。

小提示:改变文本框中的字体颜色,可以使用 TextView 类的 setTextColor 方法。

2)取消 run 方法中代码注释

找到前面讲解的7.2.4(通过线程方式获取仓储环境数据)小节的第三个步骤(完善

run 方法),在"线程的 run 方法"中取消第 39—41 行代码的注释,需要取消注释的代码如下。

1　Message msg = Message.obtain();
2　msg.obj = wareEnvData;
3　mHandler.sendMessage(msg);

(1)第 1 行代码:调用 Message 类的 obtain 方法,得到 Message 类对象 msg。

(2)第 2 行代码:将环境参数实体类对象 wareEnvData 存放在 Message 类的成员变量 obj 中。

(3)第 3 行代码:调用 Handler 类的 sendMessage 方法,将 Message 类对象 msg 发送到消息队列中。

3)运行测试

(1)在云平台中检查数据模拟器是否启动,并进行如图 7.4 所示的数据配置。

(2)运行程序,单击仓储首页的设置按钮,检查云平台参数是否配置正确,如图 7.5 方框部分所示。

(3)出现如图 7.6 所示界面,智慧仓储 App 获取云平台的仓储环境数据成功。

图 7.4　检查数据模拟器配置

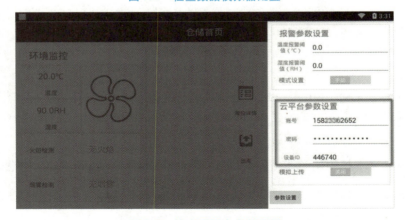

图 7.5　检查云平台参数配置

图 7.6　云平台仓储环境数据获取成功

小提示:如果火焰检测中显示"有火焰"以及烟雾检测中显示"有烟雾",可以在数据模拟器中更改火焰数据(数字量:"0"为无火焰,"1"为有火焰)和烟雾数据(数字量:"0"为无烟雾,"1"为有烟雾)的值。

知识链接

1) Message 简介

Message 是线程之间传递信息的载体,包含了对消息的描述和任意的数据对象。当启动一个 Android 程序时,Android 系统会启动一个 Linux Process,该 Process 包含一个 Thread,叫作 UI Thread。正常情况下,Android 程序必须在 UI Thread 中更新 UI 视图,如果不这样做,程序就会报错,见表 7.12。

表 7.12　线程报错信息及说明

程序报错信息	说明
android. view. ViewRootImpl $ CalledFromWrong ThreadException: Only the original thread that created a view hierarchy can touch its views.	线程调用异常,只有创建了视图层级的原始线程(UI Thread),才可以修改这个视图

(1) Message 消息传递。

通常情况下,我们都会使用到子线程来执行一些比较耗时的任务,并且任务执行完之后,一般都需要去更新 UI 视图。但是 Android UI 操作是不安全的线程,而 UI 视图必须始终在 UI 线程上操作。

小提示:线程不安全,就是不采用加锁机制,也就是不提供数据访问保护,可以多个线程同时进行访问。这样就有可能产生多个线程先后更改数据,造成所得到的数据是脏数据。

为了解决类似的问题，Android 设计了一个 Message Queue（消息队列），线程间可以通过 Message Queue 并结合 Handler 和 Looper 组件进行信息交换。这里我们可以利用 Message 类来进行子线程和主线程之间的数据消息传递。Message 可以理解为线程间交流的数据消息，子线程执行完任务后，通常会得到一些结果数据，这些数据如果想要在 UI 视图上进行显示，需要先使用 Message 来进行存放，然后把 Message 对象发送出去。

（2）Message 类成员（表 7.13）。

表 7.13　Message 类成员变量及描述

成员变量	描述
int arg1	存放整形数据
int arg2	存放整形数据
Object obj	存放发送给接收器的 Object 类型的任意对象
Messenger replyTo	指定该 Message 发送到何处的可选 Message 对象
int what	指定用户自定义的消息代码，这样接收者可以了解这个消息的信息

（3）Message 类常用方法（表 7.14）。

表 7.14　Message 类常用方法及描述

方法名	描述
Message( )	构造一个新的 Message 对象
Message obtain( )	从全局池中返回一个新的 Message 对象

小提示：一般不推荐直接使用它的构造方法得到 Message 对象，而是建议通过使用 Message.obtain( )方法获取。该方法会从消息池中获取一个 Message 对象，如果消息池是空的，则会使用构造方法实例化一个新的 Message 对象，有利于消息资源的利用。

2）Handler 简介

Handler（消息处理）类，用于发送子线程消息和在主线程中接收并处理子线程发送过来的消息。在 Android 程序开发中，Handler 类为开发人员提供了便捷的开发策略，在子线程中编写消息发送的功能代码，在主线程中进行消息的接收和处理。

Handler 机制

（1）Handler 类常用方法（表 7.15）。

表 7.15　Handler 类常用方法及含义

方法名称	含义
void handleMessage(Message msg)	在主线程接收消息的方法
Message obtainMessage( )	获取 Message 对象
boolean sendMessage(Message msg)	发送消息（msg）对象到消息队列的末尾
boolean sendEmptyMessage(int what)	发送只包含消息代码值的消息

续表

方法名称	含义
Boolean sendMessageDelayed(Message msg, long delayMillis)	延时 delayMillis 毫秒之后,发送消息(msg)对象到消息队列的末尾
boolean post(Runnable r)	将 Runnable 接口添加到消息队列
boolean postDelayed(Runnable r, long delayMillis)	延时 delayMillis 毫秒之后,将 Runnable 接口添加到消息队列

(2)Handler 机制传递消息。

使用 Handler+Message 消息机制更新 UI 视图的步骤如下。

①在主线程中创建 Handler 对象并重写 handleMessage(Message msg)方法,在该方法中便可以接收和处理子线程传递过来的 Message 对象。

```
Handler mHandler = new Handler(){
    @Override
    public void handleMessage(@NonNull Message msg){
        switch(msg.what){

        }
    }
};
```

②在子线程中使用主线程创建好的 Handler 对象,调用它的发送消息方法向主线程发送消息。

```
Message msg = Message.obtain();
msg.what = 100;
msg.obj = wareEnvData;
mHandler.sendMessage(msg);
```

7.3 任务检查

见表 7.16,在完成云平台获取仓储环境数据任务后,需要结合 checklist 对代码和功能进行走查,达到如下目的:

①确保在项目初期就能发现代码中的 BUG 并尽早解决。
②将发现的问题与项目组成员共享，以免出现类似错误。
具体检查项目、标准见表 7.16。

表 7.16　从云平台获取仓储环境数据功能 checklist

序号	检查项目	检查标准	学生自查	教师检查
1	云平台项目	云平台中创建完成智能仓储项目以及对应的传感器		
2	创建 HttpUtil 类	该类中的成员变量和方法要编写完毕		
3	创建 WareEnvData 类	该类中的成员变量和方法要编写完毕		
4	线程代码编写	云平台 JSON 数据解析部分代码已写全，打开已被屏蔽的代码		
5	创建 Handler 类	该类中的 tempTV、humTV、fireTV 和 smokeTV 4 个文本控件设置了显示数据		
6	云平台数据模拟器	云平台中数据模拟器已启动		
7	仓储首页云平台参数设置	云平台参数已配置正确		
8	显示云平台仓储环境数据	能够在仓储首页中显示温度、湿度、火焰和烟雾 4 个数据		

7.4　评价反馈

学生汇报	教师讲评	自我反思与总结
1. 成果展示 2. 功能介绍 3. 代码解释		

7.5 任务拓展

工作任务 从云平台获取仓储环境数据的拓展	
一、任务内容（5 分）	成绩：
在智能仓储首页的主要功能有温度、湿度、火焰和烟雾 4 个数据的获取，并实时在仓储首页中动态显示仓储环境数据。学习了 HTTP 网络通信、多线程的使用和 Handler 机制等知识点。参考教材学习情境 7-从云平台获取仓储环境数据这部分内容，完成本次任务工单内容，主要任务内容如下。 （1）在 activity_ware_first.xml 布局界面中增加一个显示光照数据的 TextView 控件。 （2）在 WareEnvData 类中增加 lightValue（光照值）字段，并实现光照值模拟数据上传。 （3）通过 HTTP 网络通信增加一个光照数据的实时获取。 （4）通过 Handler 机制，实现光照数据在 TextView 控件里的更新显示。	
二、知识准备（20 分）	成绩：
（1）HTTP 是一种_____协议。 （2）URL 由_____、_____、_____、_____ 4 部分组成。 （3）HTTP1.0 定义了 3 种请求方法：_____、_____和_____方法，其中_____方法用于向指定资源提交数据进行处理请求。 （4）_____是程序执行流的最小单位，_____是线程的容器。 （5）Android 系统会启动一个 Linux Process，该 Process 包含一个 Thread，称为_____或_____。 （6）Handler 机制往往使用_____和_____实现。	
三、制订计划（25 分）	成绩：
根据任务的要求，制订计划。	

作业流程		
序号	作业项目	描述
计划审核	审核意见： 年　　月　　日	 签字：

续表

四、实施方案(40 分)	成绩:

1. 建立工程

新建 Android 项目"Task7",包名为"com. example. myapplication"(与示例工程的包名一致),将 activity,adpater,dialog,entity,util 等 java 资源文件拷贝到当前工程的"com. example. myapplication"下,将资源文件 res 下的文件全部拷贝到当前工程的 res,运行工程,检查是否有错。

	工程是否创建完成	□是 □否
	运行是否成功	□是 □否

2. 云平台添加光照传感器

添加光照模拟量传感器,添加详情见下表。

名称	标识名	模拟量	通道号
光照	m_light	光照	2

	光照传感器是否添加完成	□是 □否
	是否开启数据模拟器	□是 □否

3. 编写代码

(1)修改布局文件 activity_ware_first. xml,增加一个 TextView,用于显示光照数据,样式自定义,运行程序。

	光照 TextView 控件是否显示	□是 □否
	运行是否成功	□是 □否
	是否完成控件初始化	□是 □否

续表

（2）修改 entity java 包下实体类 WareEnvData，增加 lightValue 字段。

	属性字段是否添加完成	□是 □否
	运行是否成功	□是 □否

（3）在 WareFirstActivity 界面的 initData 方法中，在多线程中解析服务器返回数据，增加解析光照数据的代码。

	代码是否报错	□是 □否
	运行是否成功	□是 □否

（4）在 WareFirstActivity 界面的 initData 方法中，通过 Handler 机制，在子线程中增加光照数据的发送代码。

	代码是否报错	□是 □否
	运行是否成功	□是 □否

（5）在 WareFirstActivity 界面的 Handler 接收方法中，增加光照数据的获取代码，实现光照数据在 TextView 中更新显示。

	光照数据是否显示	□是 □否
	运行是否成功	□是 □否

4.其他

续表

五、评价反馈(10 分)	成绩:
请根据自己在课程中的实际表现进行自我反思和自我评价。 自我反思：_____ _____ 自我评价：_____ _____	

任务 8
监控仓储环境异常数据

任务描述

仓储应用包含两部分功能：仓储业务管理和环境数据监控。通过前面的学习，我们已经掌握了如何制作一个页面，并实现页面中控件的属性设置和数据获取。仓储 App 作为一个移动物联网应用，除了提供生产必需的库位查询、出库、入库等基本操作功能，其后台提供的数据监控和异常数据处理的功能也尤为重要。

本任务我们将从仓储应用数据监控和异常处理着手，学习仓储应用中对仓储环境中温度、湿度、火焰、烟雾等数据的实时监控显示及数据出现异常后的 App 异常处理功能。在任务实施中，我们选用了新大陆物联网云平台，通过在云平台创建模拟仓储环境，实现应用从云平台进行数据获取，从而监控仓储环境的数据。完成实施后，你将掌握后台 Service（服务者）、Notification（消息通知者）、动画（补间动画和逐帧动画）的使用，如图 8.1 所示。

图 8.1　数据监控和异常

知识目标

- 掌握 Service 的生命周期和对应的方法。
- 掌握 Notification 的定义和设置。
- 了解补间动画和逐帧动画的原理机制，掌握它们的基本使用。

技能目标

- 掌握 Service 的创建和后台监听设置。
- 能够创建和编辑布局页面，能在活动中控制和获取组件数据。
- 掌握补间动画和逐帧动画的使用。

素质目标

- 培养良好的编程习惯。
- 培养合作能力、交流能力和组织协调能力。

- 培养诚实守信、爱岗敬业、精益求精的工匠精神。
- 培养从事工作岗位的可持续发展能力。
- 培养爱国主义情怀,激发使命担当。

> **思政点拨**
>
> Service,在"后台"长期运行,它不是在"前端"展示的组件,为前端数据默默提供服务。就如同在防疫攻坚战中许多社区工作者奉献着自己,通过案例引发学生感受举国同心、命运与共的伟大抗疫精神,倡导学生弘扬抗疫精神,砥砺前行。
>
> 师生共同思考:我们今天山河无恙、太平盛世的背后,有哪些人曾像"服务提供者"一样,在背后做出努力与牺牲?

8.1 准备与计划

监控仓储环境
异常数据任务
介绍

根据任务要求,按功能分解到易于管理的若干子任务,这样可以防止软件功能的遗漏,能够更加明确任务的内部逻辑关系。针对监控仓储环境异常数据,完成本任务的计划单包括使用 Service 后台监听服务端消息、使用 Notification 实现仓储火灾检测通知,使用逐帧动画实现火灾异常报警、补间动画实现烟雾监测和自动模式下的风扇转动等功能(表 8.1)。

表 8.1 任务计划单

序号	工作步骤	注意事项
1	使用 Service 后台监听服务端消息	Service 的创建、onStartCommand 方法
2	使用 Notification 实现仓储火灾检测通知	PendingIntent 的使用
3	逐帧动画实现火灾异常报警	逐帧动画 xml 文件编写、Java 类调用动画的方法
4	补间动画实现烟雾监测	烟雾数据用 m_smoke 进行接收,和火焰一样,当 m_smoke 为 1 时,表示环境出现烟雾,为 0 时无烟雾
5	实现自动模式下的风扇转动	监听获取风扇数据和当前模式设置

8.2 任务实施

认知安卓服务
者 Service-1

认知安卓服务
者 Service-2C

8.2.1 使用 Service 后台监听服务端消息

1）创建服务类 MyService

使用 Service 后台
监听服务端消息

打开 SmartStorage 项目，首先创建一个 service 包，在"com.example.smartstorage"包路径下创建 package，包名为 service。

在 service 包路径下创建 Service 组件类，首先选中 service 包，然后右键"New"，选择 Service→Service，类名为 MyService，Exported 和 Enabled 使用默认的勾选状态，创建过程如图 8.2 所示。

图 8.2 service 类创建截图

打开 AndroidManifest.xml，检查是否有生成 MyService 的注册信息，若没有则需要手动添加，如图 8.3 所示。

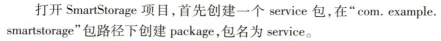

图 8.3 service 在 AndroidManifest 中的配置

2) MyService 中完善 onStartCommand 方法

项目中我们用 MyService 来完成火焰异常数据监听，在 MyService 类中定义 boolean 变量 threadAlive，默认值为 true，代码如下。

```
boolean threadAlive = true;
```

在 MyService 中重写 onStartCommand 方法，在 onStartCommand 方法中开启线程对火焰数据进行异步监听，代码如下。

```
1   @Override
2   public int onStartCommand(Intent intent, int flags, int startId) {
3       new Thread(new Runnable() {
4           @RequiresApi(api = Build.VERSION_CODES.JELLY_BEAN)
5           @Override
6           public void run() {
7               while (threadAlive) {
8                   if (!HttpUtil.AccessToken.isEmpty()) {
9                       String res2 = HttpUtil.getData("http://api.nlecloud.com/devices/"+deviceID+"/sensors/m_fire");
10                      try {
11                          // 数据解析
12                          JSONObject object = new JSONObject(res2);
13                          JSONObject resObj = object.getJSONObject("ResultObj");
14                          int fire = resObj.getInt("Value");
15                          Log.w("service-fire", fire+"");
16                      } catch (JSONException e) {
17                          e.printStackTrace();
18                      }
19                  }
20                  try {
21                      Thread.sleep(2000);
22                  } catch (InterruptedException e) {
23                      e.printStackTrace();
24                  }
25              }
26          }
27      }).start();
28      return super.onStartCommand(intent, flags, startId);
29  }
```

（1）第 2 行代码：重载 onStartCommand 方法，权限修饰符、返回值、参数都使用默认值。

（2）第 3 行代码：用 new Thread 实例一个线程，通过实现 Runnable 的接口，实现 run 方法。该线程方法为异步方法，后台访问云平台数据，判断是否有火焰。

（3）第 7 行代码：判断线程是否在后台运行，若运行则继续循环执行后续操作。

（4）第 8 行代码：判断是否已获取新大陆云平台的授权，首页中会使用设置中的平台账号和密码，模拟登录云平台，获取授权认证口令。该口令值为字符串，通过全局静态变量 HttpUtil. AccessToken 存储，该变量默认为空。如果 HttpUtil. AccessToken 的值不为空，则代表已 HTTP 登录获得授权，可与平台数据通信。

（5）第 9 行代码：通过 HttpUtil 中定义的静态方法，从新大陆云平台数据接口获取数据，调用方式实现过程可参见源代码中 com. example. smartstorage. util. HttpUtil 下的 getData(String url) 方法。此处传入的字符串值为请求监控数据的 HTTP 网络路径，参考链接"http://api. nlecloud. com/devices/93205/Datas"。

> 小提示：此链接中使用的设备数据"93205"仅供参考，调用时以云平台中实际设备数据为准。

（6）第 12—14 行代码：第（5）步访问云平台接口后，将获取 JSON 格式的字符串数据。这里需要将字符串 JSON 格式用 JSON 工具类进行转换，快速获取需要的火焰数据，使用 fire 变量存取，为 1 表示发生火焰，为 0 表示正常。

（7）第 15 行代码：因 Service 对象无操作界面，为了便于读者能理解服务的后台运行过程，这里使用 LogCat 的日志输出功能，将获取的火焰数据 fire 进行日志输出。

（8）第 10—18 行代码：为了避免使用 JSON 工具类发生解析错误而引起程序崩溃，这里使用 try｛｝catch｛｝语句块异常处理第 20—24 行代码处 try｛｝catch｛｝处理雷同。

（9）第 21 行代码：线程休眠，每次获取数据让线程暂停 2 s，避免处理器资源的浪费。

3）MyService 服务的启动

上述代码主要在服务启动后调用，但在上述方法 onStartCommand 被调用前需要启动服务。在仓储首页 WareFirstActivity 的 onCreate( ) 方法中，可通过方法 startService( ) 开启 MyService 服务，代码如下。

```
1   @ Override
2   protected void onCreate( Bundle savedInstanceState ) ｛
3       //……
4       Intent intent = new Intent( this,MyService. class);
5       startService( intent );
6   ｝
```

（1）第 4 行代码：定义绑定 MyService 服务的 Intent 对象。

（2）第 5 行代码：调用 Activity 自带的 startService 方法，传入服务的绑定 Intent。该方法调用后，MyService 的 onStartCommand 方法将被触发。

运行项目,打开 logcat 监控运行环境日志,1 表示发生火焰,0 表示未发生,如图 8.4 所示。

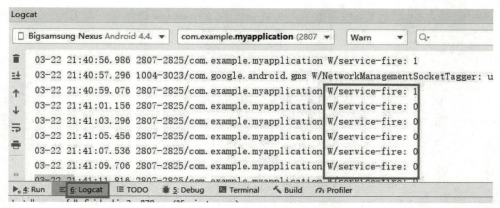

图 8.4　火焰数据监听 Log 信息

知识链接

Service 服务提供者,简称服务,它是一个应用程序组件,它能够在后台执行一些耗时较长的操作,并且不提供用户界面。Service 能被其他应用程序的组件启动,即使用户切换到另外的应用时还能保持后台运行。此外,应用程序组件还能与 Service 绑定,并与 Service 进行交互,甚至能进行进程间通信(IPC)。比如,Service 可以处理网络传输、音乐播放、执行文件 I/O 读写,或者与 content provider 进行交互,所有这些都是在后台进行的。

和 Activity 一样,Service 也是安卓四大组件之一。Activity 是用户看到的界面活动,而 Service 是"看不到的"后台服务,它的作用是在安卓系统后台进行"服务提供"。对于用户来说它看不到、不可直接感知,但正是有了 Service,应用程序才能在系统中很好地发挥作用。

Service 是长时间在后台运行的组件,执行长时间运行且不需要用户交互的任务,即使应用被销毁也依然可以工作。当用户离开了 Activity 界面,Service 仍然可以在后台继续运行,做一些监听的工作。如表 8.2 所示,服务有两种启动方式,分别是 Started 方式和通过 Bound 绑定服务。

表 8.2　Service 的启动方式

状态	描述
Started(被启动)	通过 startService() 启动了 Service,则 Service 是 Started 状态。一旦启动,Service 可以在后台无限期运行,即使启动它的组件已经被销毁
Bound(被绑定)	通过 bindService() 绑定了 Service,则 Service 是 Bound 状态。Bound 状态的 Service 提供了一个客户服务器接口来允许组件与 Service 进行交互,如发送请求、获取结果

Started 方式:如果一个应用程序组件(比如一个 activity)通过调用 startService()来启动 Service,则该 Service 就是被"started"了。一旦被启动,Service 就能在后台一直运行下去,即使启动它的组件已经被销毁了。通常,started 的 Service 执行单一的操作,并且不会向调用者返回结果。比如,它可以通过网络下载或上传文件。当操作完成后,Service 应该自行终止。

Bound 方式:如果一个应用程序组件通过调用 bindService()绑定到 Service 上,则该 Service 就是被"bound"了。bound 的 Service 提供了一个客户端/服务器接口,允许组件与 Service 进行交互、发送请求、获取结果,甚至可以利用进程间通信(IPC)跨进程执行这些操作。绑定 Service 的生存期和被绑定的应用程序组件一致。多个组件可以同时与一个 Service 绑定,不过所有的组件解除绑定后,Service 也就会被销毁。

在 Service 的生命周期中有多个方法,可以实现监控 Service 状态的变化,可以在合适的阶段执行工作。图 8.5(a)展示了当 Service 通过 startService()被创建时的生命周期,图 8.5(b)则显示了当 Service 通过 bindService()被创建时的生命周期。

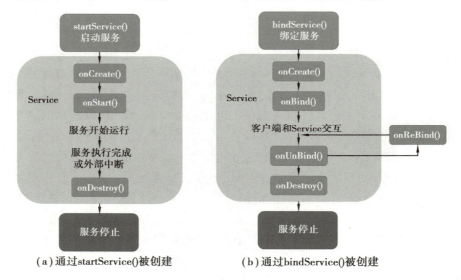

(a)通过startService()被创建　　　　(b)通过bindService()被创建

图 8.5　Service 的两种启动方式

Android app. widget 包提供了 Service 类,Service 基类定义了不同的回调方法和许多重要方法。虽然不需要实现所有的回调方法,但理解所有的方法还是非常重要的。通过实现这些回调能确保应用以用户期望的方式实现。Service 生命周期中有以下状态,见表 8.3。

表 8.3　服务的所处状态介绍

状态	描述
onStartCommand	其他组件(如活动)通过调用 startService()来请求启动服务时,系统调用该方法。如果你实现该方法,你有责任在工作完成时通过 stopSelf()或者 stopService()方法来停止服务

续表

状态	描述
onBind	当其他组件想要通过bindService()来绑定服务时,系统调用该方法。如果你实现该方法,你需要返回IBinder对象来提供一个接口,以便客户与服务通信。你必须实现该方法,如果你不允许绑定,则直接返回null
onUnbind	当客户中断所有服务发布的特殊接口时,系统调用该方法
onRebind	当新的客户端与服务连接,且此前它已经通过onUnbind(Intent)通知断开连接时,系统调用该方法
onCreate	当服务通过onStartCommand()和onBind()被第一次创建的时候,系统调用该方法。该调用要求执行一次性安装
onDestroy	当服务不再有用或者被销毁时,系统调用该方法。你的服务需要实现该方法来清理任何资源,如线程、已注册的监听器、接收器等

onStartCommand:服务启动,对应方法 onStartCommand(Intent,int,int),调用 startService(Intent)启动服务时,都会调用该 Service 对象的 onStartCommand(Intent,int,int)方法,该方法的第三个参数有 4 种取值,其说明如下。

(1)START_STICKY:"黏性的"。如果 service 进程被 kill 掉,保留 service 的状态为开始状态,但不保留递送的 intent 对象。随后,系统会尝试重新创建 service,由于 Service 状态为开始状态,所以创建 Service 后一定会调用 onStartCommand(Intent,int,int)方法。如果在此期间没有任何启动命令被传递到 service,那么参数 Intent 将为 null。

(2)START_NOT_STICKY:"非黏性的"。使用这个返回值时,如果在执行完 onStartCommand 后,Service 被异常 kill 掉,系统不会自动重启该 Service。

(3)START_REDELIVER_INTENT:"重传 Intent"。使用这个返回值时,如果在执行完 onStartCommand 后,Service 被异常 kill 掉,系统会自动重启该 Service,并将 Intent 的值传入。

(4)START_STICKY_COMPATIBILITY:"黏性的"。START_STICKY 的兼容版本,但不保证服务被 kill 后一定能重启。

8.2.2 使用 Notification 实现仓储火灾检测通知

使用 Notification 实现仓储火灾检测通知

1)任务描述

在前面定义的服务类 MyService 的 OnStartCommand()方法中,通过线程方式访问云平台,获取火焰监测数据,使用 m_fire 保存状态值。如果 m_fire 为1,表示仓储有火焰;否则仓储无火焰,最后我们使用 Log 日志对数据进行输出。

本节任务在 MyService 的内容完成基础上,根据获取的火焰数据 m_fire 的值判断,当 m_fire 为1时,开启 Notification 通知弹出,通知用户火灾报警异常。

在 MyService 的 OnStartCommand( )方法中增加出现火灾的异常判断逻辑,代码如下。

```
1    public static boolean fireTiped = false;
2    @Override
3    public int onStartCommand(Intent intent, int flags, int startId) {
4        new Thread(new Runnable() {
5            @RequiresApi(api = Build.VERSION_CODES.JELLY_BEAN)
6            @Override
7            public void run() {
8                while (threadAlive) {
9                    if (!HttpUtil.AccessToken.isEmpty()) {
10                       String res2 = HttpUtil.getData("……");
11                       try {
12                           // 数据解析
13                           JSONObject object = new JSONObject(res2);
14                           JSONObject resObj = object.
                                 getJSONObject("ResultObj");
15                           int fire = resObj.getInt("Value");
16                           if(fire==1&&! fireTiped) {
17                               fireTiped = true;
18                           }
19                           if(fire! =1)
20                               fireTiped = false;
21
```

(1)第 1 行代码:在 MyService 类中定义布尔型成员变量 fireTiped,该变量用于标识火焰出现后通知是否已发出。如果出现火焰且通知已发出,则不必继续发送,该变量值置为"false"。

(2)第 16—18 行代码:判断火焰数据是否出现异常。如果出现火焰(fire 值为 1),并且未发出通知(fireTiped 为 true),则接下来将在 if 语句块中继续添加发出通知的代码。

(3)第 19—20 行代码:如果 fire 为 0,则重置通知状态。

2)出现火焰时的通知打开

在出现火焰的条件中继续完善代码,增加通知栏消息弹出,增加加粗代码如下。

```
1    if(fire==1&&! fireTiped) {
2        fireTiped = true;
3        Intent intent = new Intent(getApplicationContext(),
             WareFirstActivity.class);
```

```
 4      PendingIntent contentIntent = PendingIntent.
                getActivity(getApplicationContext(), 0, intent,
                PendingIntent.FLAG_CANCEL_CURRENT);
 5      NotificationManager manager = (NotificationManager)
                getSystemService(NOTIFICATION_SERVICE);
 6      Notification.Builder builder = new Notification.
                Builder(getApplicationContext())
 7              .setSmallIcon(R.drawable.ic_launcher_background)
 8              .setContentTitle("仓储消息")
 9              .setContentText("检测到仓库出现火焰,请立即处理!")
10              .setContentIntent(contentIntent)
11              .setDefaults(Notification.DEFAULT_ALL);
12      //设置 Notification 的 ChannelID,否则不能正常显示
13      if(Build.VERSION.SDK_INT >= Build.VERSION_CODES.O){
14          builder.setChannelId("com.warehouse.myapplication")
                .setDefaults(Notification.DEFAULT_ALL);
15          NotificationChannel channel = new NotificationChannel(
                "com.warehouse.myapplication", "channelName",
                NotificationManager.IMPORTANCE_DEFAULT);
16          manager.createNotificationChannel(channel);
17      }
18      Notification notification = builder.build();
19      notification.flags = Notification.FLAG_AUTO_CANCEL;
20      manager.notify(1, notification);
21  }
```

(1)第3—4行代码:构造 Intent 和 PendingIntent 对象,用作单击通知后跳转界面的 Intent 对象参数。

(2)第5行代码:实例化通知栏管理对象,传入 NOTIFICATION_SERVICE 常量。

(3)第6—11行代码:实例化通知栏需要的 Builder 对象,如通知的图标、消息内容、单击关联的 Intent、默认通知声音等。

(4)第13—16行代码:检查 SDK 版本是否为 8.0 以上,Build.VERSION_CODES.O 为 26。若为 8.0 以上,则设置 Channel 相关信息到 builder 和 manager 对象。

(5)第18—19行代码:用 builder 对象生成通知对象,将统计对象的 flags 设置为自动取消 FLAG_AUTO_CANCEL,用户单击通知后,通知图标会消失,否则继续呈现。

(6)第20行代码:通过 manager 对象发送通知,通知栏出现通知消息。

完成上述代码后,接收到火焰数据为1的异常通知,编程至此全部完成,接下来进行测试。

我们用新大陆物联网云平台的数据模拟器进行火焰数据模拟,浏览器上打开新大陆物联网云平台,单击网页链接,进入开发者中心→选择前面创建的项目→调试→数据模拟器,m_fire 的值为1,表示仓储环境出现火焰。下面通过在新大陆物联网云平台设置火焰值为1完成火焰模拟。

3) 单击通知后的逻辑处理

MyService 中发起通知,用户单击通知后会跳到主界面 WareFirstActivity。此 Activity 的启动模式为默认标准模式 standard,这种模式下每次都会实例化一个 Activity 界面,即此时程序会打开多个仓储首页。我们是不希望程序中出现多个仓储首页界面的,为解决这个问题,在 AndroidManifest.xml 中修改 WareFirstActivity 的配置信息,将 Activity 的启动模式修改为单实例模式。单实例模式下只有一个仓储首页,代码如下(见加粗代码)。

Activity 生命周期

Activity 启动模式
——默认模式

Activity 启动模式
——singleTop

Activity 启动模式
——singleTask

Activity 启动模式
——singleInstance

```
1    activity android:name=".activity.WareFirstActivity"
         android:launchMode="singleInstance">
2    <intent-filter>
3        <action android:name="android.intent.action.MAIN"/>
4        <category android:name="android.intent.category.LAUNCHER"/>
5    </intent-filter>
6    </activity>
```

当火焰数据为1时,MyService 中发起一次通知后,fireTiped 的值为 true。根据前面处理服务的代码,接下来火焰数据为1时将不再发起通知。为了单击通知后,能继续接收火焰报警通知,在 WareFirstActivity 的 onResume 方法中增加对 fireTiped 的设置,将其值设为 false,程序可继续接收火焰异常时的通知,代码如下(见加粗代码)。

```
1    @Override
2    protected void onResume() {
3        ActivityRuning = true;
4        MyService.fireTiped=false;
5        super.onResume();
6    }
```

4）运行测试

运行仓储应用 App，在浏览器中登录新大陆物联网云平台，在数据模拟器中将火焰数据设置为1，如图 8.6 所示。

图 8.6　云平台模拟火焰上报

智能仓储软件中，当检测到火焰出现后通知栏处弹出消息通知，其中消息内容为"检测到仓库出现火焰，请立即处理！"，如图 8.7、图 8.8 所示。

图 8.7　通知栏消息内容　　　图 8.8　智能仓储出现火焰异常通知

知识链接

通知机制

1）Notification 的作用

当应用程序在后台运行时，在某些情况下可能需要给用户一些提示消息。

（1）当完成保存文件后，应该显示一个小的信息来表示保存成功。

（2）如果应用程序在后台运行并且需要用户注意，它应该创建一个通知来方便用户与应用程序进行互动（例如收到短信消息、电量过低）。

（3）如果应用程序在执行一个用户必须等待的工作（比如加载文件），当等待的工作执行完成时，应用程序应告知用户。

以上情况中的一些需要用户回应，另一些则不需要，但此时应用无 Activity 活动界面显示，且用户需引起关注，此时就需要借助 Notification 来实现。

Notification 是一种具有全局效果的通知，可以在系统的通知栏中显示（图 8.9）。当 App 向系统发出通知时，它将先以图标的形式显示在通知栏中。用户可以下拉通知栏，查看通知的详细信息。通知的目的是告知用户 App 事件。在平时的使用中，通知主要有以下几个作用。

（1）显示接收到短消息、及时消息等信息，如即时通信软件信息、手机短信。

图 8.9　通知消息

（2）显示客户端的推送消息，如广告、优惠、版本更新、推荐新闻等。

（3）显示正在进行的事物，如后台运行的音乐 App、下载软件等程序。

其中，前两点可以归结为与用户交互，第三点是实时的任务提醒。但不可否认的是，第三点也会与用户交互。

2）Notification 的常用对象

Notification 的基本操作主要有创建、更新、取消这 3 种。一个 Notification 必须要有 3 项属性，如果不设置则在运行时会抛出异常。

（1）小图标，通过 setSmallIcon() 方法设置。

（2）标题，通过 setContentTitle() 方法设置。

（3）内容，通过 setContentText() 方法设置。

除了以上 3 项，其他均为可选项。虽然如此，但还是应该给 Notification 设置一个 Action，这样就可以直接跳转到 App 的某个 Activity、启动一个 Service 或者发送一个 Broadcast。否则，Notification 仅起到通知的效果，而不能与用户交互。

当系统接收到通知时，可以通过震动、响铃、呼吸灯等多种方式进行提醒。

Notification 的创建主要涉及 Notification.Builder（通知构建器）、Notification（通知）、NotificationManager（通知管理器）。

（1）Notification.Builder：使用建造者模式构建 Notification 对象。由于 Notification.Builder 仅支持 Android 4.1 及之后的版本，为了解决兼容性问题，谷歌在 Android Support v4 中加入 NotificationCompat.Builder 类。

（2）Notification：通知对应类，保存通知相关的数据。NotificationManager 向系统发送通知时会用到。

（3）NotificationManager：通知发送操作由它管理。它是一个系统服务，调用 NotificationManager 的 notify() 方法可以向系统发送通知。

3)Notification 的简单使用

(1)获取 NotificationManager 对象。

NotificationManager manage =(NotificationManager)getSystemService
(Context.NOTIFICATION_SERVICE);

(2)获取 Notification.Builder 对象。

Notification.Builder 对象是包含通知呈现相关内容的类,包括图标、标题、内容等的设置,其实例化方式用法如下。

Notification.Builder builder = new Notification.Builder
(getApplicationContext());

Notification.Builder 对象包括设置图标、标题、内容、ContentIntent 等,见表 8.4。

表 8.4 通知的常用方法描述及实例

方法	描述	实例
setSmallIcon	设置图标,支持 int 类型的资源 id 传值或 Icon 传值这两种设置方式	setSmallIcon(R.drawable.ic_launcher_foreground) SetSmallICon(Icon);
setContentTitle	设置通知的标题	setContentTitle("仓储消息")
setContentInfo	设置通知相关的附加信息	setContentInfo("仓储报警消息!!!")
setLights	设置闪烁灯、持续间隔和间隔时长	setLights(0x00000001,1000,1000)
setContentText	设置通知的内容	setContentText("监测到仓储出现火焰,请核查!")
setContentIntent	设置单击通知后,执行的跳转,比如单击通知后回到首页,可以初始化 PendingIntent 为首页的 Activity	Intent intent = new Intent(getApplicationContext(),WareFirstActivity.class); setContentIntent(contentIntent)
build	组合所有设置的信息,生成一个通知对象	Notification notification = builder.build();

(3)使用 builder 进行通知基本信息设置。

```
1  builder.setContentTitle("这是测试通知标题")    //设置标题
2  builder.setContentText("这是测试通知内容")    //设置内容
3  builder.setWhen(System.currentTimeMillis())    //设置时间
4  builder.setSmallIcon(R.mipmap.ic_launcher)    //设置小图标
5  builder.setLargeIcon(BitmapFactory.decodeResource(getResources(),R.mipmap.ic_launcher))    //设置大图标
```

(4)从 builder 中得到通知对象。

Notification notification = builder(MainActivity.this).build();

(5)通知的发送。

  manager.notify(1,notification);

代码解释:manager 管理器的 notify 方法可发起通知,1 为通知的"ID 值",若要关闭该通知,则需调用 manager.cancel(1)完成。

(6)通知的更新。

更新通知很简单,只需要再次发送相同 ID 的通知即可。如果之前的通知还未被取消,则会直接更新该通知相关的属性。

(7)通知的取消。

  manager.cancel(1)

(8)通知的重要程度设置。

setPriority 方法接收一个整形参数用于设置这条通知的重要程度,有 5 个值可以选择。

①PRIORITY_DEFAULT:表示默认重要程度,和不设置效果一样。

②PRIORITY_MIN:表示最低的重要程度。系统只会在用户下拉状态栏的时候才会显示。

③PRIORITY_LOW:表示较低的重要性。系统会将这类通知缩小,或者改变显示的顺序,将其排在更重要的通知之后。

④PRIORITY_HIGH:表示较高的重要程度。系统可能会将这类通知放大,或改变显示顺序,位置比较靠前。

⑤PRIORITY_MAX:最重要的程度。会弹出一个单独消息框,让用户做出响应。

4)Notification **跳转到** Activity

PendingIntent 支持程序已经退出情况下的消息传递对象,它是一种特殊的 Intent,可用于事件结束后的延迟动作消息发送。即便创建该 PendingIntent 对象的进程被杀死了,这个 PendingItent 对象在其他进程中是可用的,日常使用中的短信、闹钟、系统通知等都用到了 PendingIntent。

PendingIntent 有 3 种示例化方式。

(1)得到一个用于启动 Activity 的 PendingIntent 对象。

  getActivity(Context context, int requestCode, Intent intent, int flags)

(2)获取一个用于启动 Service 的 PendingIntent 对象。

  getService(Context context, int requestCode, Intent intent, int flags);

(3)获取一个用于向 BroadcastReceiver 广播的 PendingIntent 对象。

  getBroadcast(Context context, int requestCode, Intent intent, int flags)

其中,入参 flags 的几种取值方式如下。

①FLAG_CANCEL_CURRENT:如果当前系统中已经存在一个相同的 PendingIntent 对象,那么就先将已有的 PendingIntent 取消,然后重新生成一个 PendingIntent 对象。

②FLAG_NO_CREATE:如果当前系统中不存在相同的 PendingIntent 对象,系统将不会创建该 PendingIntent 对象,而是直接返回 null。

③FLAG_ONE_SHOT:该 PendingIntent 只作用一次。

④FLAG_UPDATE_CURRENT:如果系统中已存在该 PendingIntent 对象,那么系统将保留该 PendingIntent 对象,但是会使用新的 Intent 来更新之前 PendingIntent 中的 Intent 对象数据,例如更新 Intent 中的 Extras。

从 MainActivity 跳转到 NotificationActivity 的代码实现。

```
1   Intent intent = new Intent(MainActivity.this,NotificationActivity.class);
2   PendingIntent pi = PendingIntent.getActivity(
        MainActivity.this,0,intent,0);
3   NotificationManager manager = (NotificationManager)
4       getSystemService(NOTIFICATION_SERVICE);
5   Notification notification = new NotificationCompat.
        Builder(MainActivity.this)
6       .setContentTitle("这是测试通知标题")    //设置标题
7       .setContentText("这是测试通知内容")    //设置内容
8       .setWhen(System.currentTimeMillis())    //设置时间
9       .setSmallIcon(R.mipmap.ic_launcher)    //设置小图标
10      .setContentIntent(pi)
11      //.setAutoCancel(true)
12      .build();
13  manager.notify(1,notification);
```

以上便是本任务中涉及 Notification 的知识讲解和举例。

8.2.3 逐帧动画实现火灾异常报警

逐帧动画实现火灾异常报警

前面介绍了服务和通知的使用,通过后台运行的服务,程序对火焰数据进行监控。当数据出现异常时发起通知,唤醒界面,火焰异常监控采用后台唤醒和消息通知技术。除此之外,异常监控的实现还可以采用其他方式,动画是这些实现方式中比较常用的。本任务将通过使用逐帧动画来实现火焰异常的监控。

逐帧动画是一种动画形式,它在连续的关键帧中分解动画动作,即在时间轴的每一帧上绘制不同内容并使之连续播放而成动画。通俗地说,它是通过一张一张的遍历图片进行播放,利用人眼的视觉暂留特点实现的动画效果。因此,逐帧动画的实现前提是需要先准备好若干张图片。

(1)在项目 res/drawble 目录下放置图片文件(从 fire_0.png 到 fire_12.png 共 13 张图片),这些图片文件可从"/资源包/03_图像资源"中进行拷贝,如图 8.10、图 8.11 所示。

(2)在项目 res/drawable 目录下新建一个 xml 文件,文件名为"fire_anim.xml",该文

件为逐帧动画的效果设置文件,文件内容代码如下。

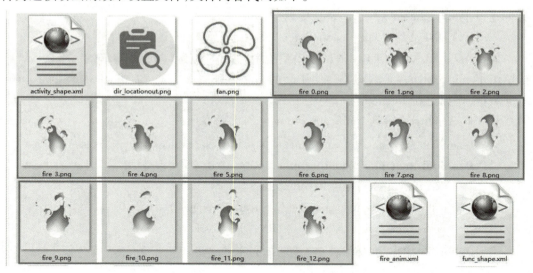

图 8.10　资源文件中的 fire_0-12 的图片资源

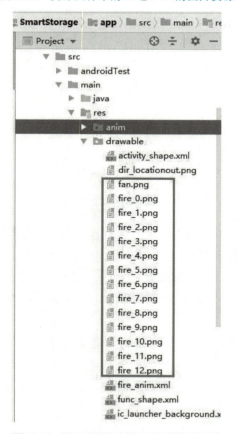

图 8.11　项目中的图片文件拷贝后效果

```
1   <?xml version="1.0" encoding="utf-8"?>
2   <animation-list xmlns:
    android="http://schemas.android.com/apk/res/android">
3       <item android:duration="100" android:drawable="@drawable/fire_0"/>
4       <item android:duration="100" android:drawable="@drawable/fire_1"/>
5       <item android:duration="100" android:drawable="@drawable/fire_2"/>
6       <item android:duration="100" android:drawable="@drawable/fire_3"/>
7       <item android:duration="100" android:drawable="@drawable/fire_4"/>
8       <item android:duration="100" android:drawable="@drawable/fire_5"/>
9       <item android:duration="100" android:drawable="@drawable/fire_6"/>
10      <item android:duration="100" android:drawable="@drawable/fire_7"/>
11      <item android:duration="100" android:drawable="@drawable/fire_8"/>
12      <item android:duration="100" android:drawable="@drawable/fire_9"/>
13      <item android:duration="100" android:drawable="@drawable/fire_10"/>
14      <item android:duration="100" android:drawable="@drawable/fire_11"/>
15      <item android:duration="100" android:drawable="@drawable/fire_12"/>
16  </animation-list>
```

①第2行代码：为动画清单标签，该标签下放置若干子动画 item 标签。

②第3—15行代码：为每一帧动画效果的 item 设置标签，包含两个属性。android:duration 和 android:drawable。android:duration 设置持续时间，单位为毫秒；android:drawable 设置本帧画面的图片的源。通过以上 item 的设置，动画效果为从第一张图片 fire_0 开始播放，每张图片停留100毫秒，依次向下播放。到图片 fire_12 后，再从图片 fire_0 开始播放。

设置动画效果后，下一步需将动画效果设置给控制火焰的图片控件。当检测到仓储出现火焰时，播放火焰的动画效果，提示火灾报警，无火焰时不显示该动画。

（3）上述动画效果的实现包含了对图片控件 iv_fire 和文本控件 tv_warning 的显示和隐藏控制，打开 activity_ware_first.xml，在包含业务功能的相对布局最后的子布局中，在 XML 文件里新增第11—25行代码，代码如下。

```
1   <RelativeLayout
2       android:layout_width="0dp"
3       android:layout_height="match_parent"
4       android:orientation="vertical"
5       android:background="@drawable/func_shape"
6       android:layout_marginLeft="10dp"
7       android:layout_weight="2">
8       <!--注：以下两个线性布局内容已省略-->
9       <LinearLayout .../>
```

```
10      <LinearLayout.../>
11      <ImageView
12          android:id="@+id/iv_fire"
13          android:layout_width="wrap_content"
14          android:layout_height="wrap_content"
15          android:src="@drawable/fire_anim"
16          android:layout_centerInParent="true"/>
17      <TextView
18          android:id="@+id/"
19          android:layout_width="wrap_content"
20          android:layout_height="wrap_content"
21          android:layout_below="@+id/iv_fire"
22          android:textSize="32sp"
23          android:textColor="#cc3300"
24          android:layout_centerHorizontal="true"
25          android:text="检测到异常"/>
26  </RelativeLayout>
```

①第11—25行代码：为新增的标签代码。

②第15行代码：通过 android:src 将 drawable 下的 fire_anim 动画效果应用于此图片控件，该控件将显示 fire_anim 对应的动画效果。

（4）在 WareFirstActivity 中添加 TextVeiw 和 ImageView 两个控件的对象定义，以下加粗代码为新增变量。

```
1   TextView tempTV, humTV, fireTV, smokeTV, settingTV, warningTV;
2   Switch swUpload, swFan;
3   ImageView ivFire;
```

（5）在 initView 方法中，对 warningTV 和 ivFire 进行实例化。

warningTV = findViewById(R.id.tv_warning);

ivFire = findViewById(R.id.iv_fire);

（6）在 WareFirstActivity 中定义逐帧动画对象，类型为"AnimationDrawable"。

AnimationDrawable fAnim;

（7）在 initView 中对 fAnim 进行实例化，默认火焰的动画暂不播放。

fAnim = (AnimationDrawable) ivFire.getDrawable();

fAnim.stop();

（8）前面了解到在 WareFirstActivity 中定义了数据采集线程，采集到的数据会交给 Handler 处理。在 handleMessage 方法中已获取到 WareEnvData 的对象 data，该对象用于存储采集的仓储环境数据。

任务8 监控仓储环境异常数据

```
        Handler mHandler = new Handler() {
            @Override
            public void handleMessage(@NonNull Message msg) {
                WareEnvData data = wareEnvData;
                tempTV.setText("" + data.getM_temperature() + "℃");
                ……
```

（9）WareEnvData 是自定义的用于存储仓储环境数据的类，包括温度、湿度、火焰、烟雾、风扇等数据，此处用到的火焰为 WareEnvData 下的 m_fire。要实现检测到火焰时弹出火焰动画的效果，需对 m_fire 的值进行判断。当 m_fire 为"1"时，表示出现火灾，这时需显示火焰动画；当 m_fire 为"0"时，表示无火灾。在 handleMessage 添加代码如粗体所示。

```
1     if (data.getM_fire() == 0) {
2         fireTV.setTextColor(Color.GREEN);
3         fireTV.setText("无火焰");
4         ivFire.setVisibility(View.GONE);
5         warningTV.setVisibility(View.GONE);
6         fAnim.stop();
7     } else {
8         fireTV.setTextColor(Color.RED);
9         fireTV.setText("有火焰");
10        warningTV.setVisibility(View.VISIBLE);
11        ivFire.setVisibility(View.VISIBLE);
12        fAnim.start();
13    }
```

①第 1 行代码：如果 data 中获取的火焰数据为"0"，表示无火灾，此时应关闭所有动画效果。

②第 2—3 行代码：显示火焰信息的文本控件设置字体颜色为绿色，显示文本"无火焰"。

③第 4—6 行代码：无火焰时动画和异常提示不显示，设置图片控件和文本控件均不可见且不占空间，fAnim.stop 方法停止执行 fAnim 控制的动画。

④第 8—12 行代码：监测到有火焰时，设置 fireTV 字体颜色为红色，文本内容为"有火焰"。同时，设置 warningTV 和 ivFire 可见，fAnim 启动动画。

运行测试，打开新大陆物联网云平台数据模拟器，设置火焰值为"0"，然后单击"开始上报"按钮，效果如图 8.12、图 8.13 所示。

图 8.12　云平台模拟无火焰数据上传

图 8.13　仓储软件无火焰时的运行效果

在云平台数据模拟器中,设置火焰值为"1",单击"开始上报"按钮,应用效果如图 8.14 所示。

图 8.14　仓储软件有火焰时的运行效果

至此,火灾异常监控报警实现完成。当仓库发生火灾后,能够自动通知到用户的 App 应用程序端。

知识链接

在 Android 开发中,为了让用户能更直观地感受到界面的信息变化,这时动画的使用就避免不了。Android 的动画主要包含逐帧动画、补间动画和属性动画。其中,逐帧动画是实现动画效果的一种比较简单的方式。接下来我们将介绍逐帧动画的使用。

逐帧动画,也称为帧动画,简单地说就是把一张张静态图片按一定顺序快速切换,这样看上去好像画面会动一样,从而实现动画效果。

Android 中实现帧动画,需准备若干张静态图片。在 drawable 下定义动画效果的 xml 文件,完善 xml 中的 item,每个 item 对应一段时间的呈现图片和持续时长。绑定动画控件,然后在 java 代码中调用 start()以及 stop()开始或停止播放动画,接下来作详细介绍。

(1)准备若干张图片(fire_0,fire_1,fire_2,fire_3,fire_4,…fire_12),将这些图片放置到项目的 drawable 目录下。

(2)drawable 下创建 animation-list 的资源文件,文件名 my_anim.xml。

```
1    <?xml version = "1.0" encoding = "utf-8"?>
2    <animation-list xmlns:
         android = "http://schemas.android.com/apk/res/android" oneshot = "true">
3        <item android:duration = "100" android:drawable = "@drawable/fire_0"/>
4        <item android:duration = "100" android:drawable = "@drawable/fire_1"/>
5        <item android:duration = "100" android:drawable = "@drawable/fire_2"/>
6        <item android:duration = "100" android:drawable = "@drawable/fire_3"/>
7        <item android:duration = "100" android:drawable = "@drawable/fire_4"/>
8        <item android:duration = "100" android:drawable = "@drawable/fire_5"/>
9        <item android:duration = "100" android:drawable = "@drawable/fire_6"/>
10       <item android:duration = "100" android:drawable = "@drawable/fire_7"/>
11       <item android:duration = "100" android:drawable = "@drawable/fire_8"/>
12       <item android:duration = "100" android:drawable = "@drawable/fire_9"/>
```

    13   <item android:duration = "100" android:drawable = "@drawable/fire_10"/>
    14   <item android:duration = "100" android:drawable = "@drawable/fire_11"/>
    15   <item android:duration = "100" android:drawable = "@drawable/fire_12"/>
    16   </animation-list>

（3）将动画添加到 ImageView 中，代码如下。

```
<ImageView
        android:id = "@+id/image_1"
        android:layout_width = "wrap_content"
        android:layout_height = "wrap_content"
        android:src = "@drawable/my_anim"/>
```

（4）开始动画。在开始动画之前，要先获取其所对应的 Drawable。对于 ImageView，因为动画是它设置的 src 属性，所以可以通过 img_frame.getDrawable() 来获取，代码如下。

```
imageView_1 = findViewById(R.id.image_1);
imageView_1.setImageResource(R.drawable.abunation_list);
AnimationDrawable animationDrawable = (AnimationDrawable)
        imageView_1.getDrawable();
animationDrawable.start();
```

（5）结束动画，代码如下。

animationDrawable.stop();

8.2.4　补间动画实现烟雾监测

补间动画实现烟雾监测

为了保障生产环境的安全，系统从各个方面采集环境的数据，其中烟雾的监控也是安防的一部分。在仓储首页中，实现了从云平台采集环境数据的工作。在采集的数据中，烟雾数据用 m_smoke 进行接收，当 m_smoke 为 1 时，表示仓储环境出现烟雾；为 0 时则表示仓储无烟雾。

本节任务获取火焰值 m_smoke 为 1 后，在 App 应用上通过补间动画实现烟雾动画提示。这里实现烟雾动画提示时采用文字缩放动画。

（1）在项目的 res 下，创建 anim 目录，在 anim 目录创建补间动画文件，文件名为 "scale_words.xml"。该效果作用于文字，实现缩放效果。当出现烟雾时，动画采用文字放大或缩小效果实现。

（2）在 scale_words.xml 中缩放动画，代码内容如下。

```xml
1  <?xml version="1.0" encoding="utf-8"?>
2  <scale xmlns:android="http://schemas.android.com/apk/res/android"
3      android:interpolator="@android:anim/accelerate_decelerate_interpolator"
4      android:fromXScale="1"
5      android:toXScale="1.5"
6      android:fromYScale="1"
7      android:toYScale="1.5"
8      android:pivotY="50%"
9      android:pivotX="50%"
10     android:duration="1000"
11     android:repeatCount="infinite"
12     android:repeatMode="restart"/>
```

①第 2 行代码:定义缩放动画 scale 的标签。

②第 4—5 行代码:fromXScale 初始动画作用的控件宽度,toXScale 结束动画时的控件宽度。

③第 6—7 行代码:fromYScale 初始动画作用的控件高度,toYScale 结束动画时的控件高度。

④第 8—9 行代码:pivotX/pivotY 缩放中轴 X/Y 坐标,左上角为起始点,均为 50% 时是图像的中心。

⑤第 10 行代码:动画的持续时间,单位毫秒。

⑥第 11 行代码:重复次数,infinite 或-1 为无限循环。

⑦第 12 行代码:每次动画完成后,下一次动画的执行方式,有两种取值,restart 重新开始,reverse 相反开始,该属性在 repeatCount>1 或无限循环时生效,默认 restart。

(3)在 WareFirstActivity 中定义缩放动画效果的对象 scaleAnim,并检查是否有烟雾检测的文本控件对象 smokeTV。若没有,按以下代码补充,此步骤将完成。

```java
1  Animation scaleAnim;
2  TextView smokeTV;
```

定义 initAnim()方法,方法中对动画对象 scaleAnim 进行实例化,代码如下。

```java
1  private void initAnim() {
2      scaleAnim = AnimationUtils.loadAnimation(this, R.anim.scale_words);
3  }
```

完成初始化后,在 WareFirstActivity 类的 onCreate 方法中,完成对上述定义的 initAnim 方法的调用(第 7 行代码处)。

```java
1  protected void onCreate(Bundle savedInstanceState) {
2      super.onCreate(savedInstanceState);
```

```
3       requestWindowFeature(Window.FEATURE_NO_TITLE);
4       ActionBar actionBar = getSupportActionBar();
5       actionBar.hide();
6       setContentView(R.layout.activity_ware_first);
7       initAnim();
8       initView();
9       ……
10  }
```

至此动画效果对象 scaleAnim 的初始化工作完成。

(4)从云平台获取烟雾数据返回后,通过 Handler 机制对返回数据进行处理。在 mHandler 的 handleMessage 方法中判断烟雾返回数据 m_smoke 的值,如果为"1"则开启缩放动画,否则停止播放动画。

```
1   if(data.getM_smoke() == 0){
2       smokeTV.clearAnimation();
3       smokeTV.setTextColor(Color.GREEN);
4       smokeTV.setText("无烟雾");
5   } else {
6       smokeTV.setTextColor(Color.RED);
7       smokeTV.setText("有烟雾");
8       smokeTV.startAnimation(scaleAnim);
9   }
```

①第 2 行代码:烟雾值为"0"时,smokeTV 无动画效果。
②第 8 行代码:烟雾值为"1"时,让 smokeTV 执行 scaleAnim 对应的缩放动画。

运行程序,此时获取的烟雾数据为"0",在界面上显示"无烟雾",文字颜色为绿色。界面效果如图 8.15 所示。

图 8.15　无烟雾的运行效果

打开新大陆物联网云平台,在数据模拟器中将烟雾数据设置为"1",并单击"开始上报"按钮。数据上报后,在 App 应用监控区域可以看到烟雾检测显示"有烟雾",且该文字执行放大缩小动画效果,如图 8.16 所示。

(a)字体放大前　　　　(b)字体放大后

图 8.16　有烟雾的运行效果

知识链接

前面学了帧动画,了解了帧动画的原理和实现过程,本节将学习补间动画(TweenAnimation)。帧动画通过连续播放一张张图片来实现动画效果,和帧动画不同,补间动画只需要设定动画开始和动画结束的关键状态,由系统自动计算补齐"中间帧",从而实现动画效果。

Android 中用到的补间动画效果包含旋转、缩放、平移、透明 4 种。若一个动画效果中涉及 4 种效果中的几种时,可用 AnimationSet 对其进行组合。

补间动画的实现方式有两种:一种是在 res/anim 目录下自定义的 xml 中定义动画效果,通过 java/kotlin 代码调用动画实例实现动画效果;另一种是直接在 java/kotlin 代码中通过动画属性赋值实现。

补间动画——
透明度改变

(1)AlphaAnimation 透明度渐变效果动画。

创建时需指定开始以及结束透明度,还有动画的持续时间。透明度的变化范围(0,1),0 是完全透明,1 是完全不透明;对应<alpha/>标签。xml 中实现代码如下。

```
1  <alpha xmlns:android="http://schemas.android.com/apk/res/android"
2      android:interpolator
           ="@android:anim/accelerate_decelerate_interpolator"
3      android:fromAlpha="1.0"
4      android:toAlpha="0.1"
5      android:repeatCount="2"
6      android:repeatMode="reverse"
7      android:duration="2000"/>
```

①fromAlpha:起始透明度。
②toAlpha:结束透明度。
③repeatCount:动画重复执行次数,这里只执行1次。
④repeatMode:动画重复执行的方式,有 reverse 和 restart 两种。restart 是重新开始,reverse 是反向执行。
⑤duration:每次动画的持续执行时间,这里是2 000 ms,即2秒。

上述效果在 Java 代码中的实现代码如下所示。

```
1    AlphaAnimation alphaAnimation = new AlphaAnimation(1f, 0.1f);
2    //设置动画时间
3    alphaAnimation.setDuration(2000);
4    //重复次数
5    alphaAnimation.setRepeatCount(2);
6    alphaAnimation.setRepeatMode(Animation.REVERSE);
```

①第1行代码:初始化动画对象,构造方法中包含两个参数即起始透明度和结束透明度,等同于 xml 代码中的第3—4行属性。

②在 xml 或 Java 代码中实现了动画效果的定义后,最后都需要在 Java 中完成动画的调用。

```
image.startAnimation(alphaAnimation);
```

动画的停止调用 clearAnimation 方法。

```
image.clearAnimation();
```

(2)ScaleAnimation 缩放渐变效果动画。

创建时需指定开始及结束的缩放比、缩放参考点,还有动画的持续时间;对应<scale/>标签。缩放动画的 xml 代码如下。

```
1    <scale xmlns:android = "http://schemas.android.com/apk/res/android"
2       android:interpolator = "@android:anim/accelerate_interpolator"
3       android:fromXScale = "0.2"
4       android:toXScale = "1.5"
5       android:fromYScale = "0.2"
6       android:toYScale = "1.5"
7       android:pivotX = "50%"
8       android:pivotY = "50%"
9       android:duration = "2000"/>
```

①第3—4行代码:设置 X 方向(横向)开始和结束时的缩放比,第5—6行代码设置 Y 方向(纵向)开始和结束时的缩放比。

②第7—8行代码:执行缩放变化时固定的位置点。

接下来是缩放动画的实例化,在 Activity 中,加入以下代码。

```
1    ScaleAnimation scaleAnimation = new ScaleAnimation(0.1f, 1f, 0.1f, 1f,
2            Animation. RELATIVE_TO_SELF, 0.5f,
3            Animation. RELATIVE_TO_SELF, 0.5f);
4    scaleAnimation. setDuration(2000);
```

①第1行代码:在构造方法中前4个参数中,分别设置缩放动画的X方向(横向)开始和结束时的缩放比、Y方向(纵向)开始和结束时的缩放比。
②第2行代码:设置X方向动画执行时固定的位置,同xml中的第7行代码。
③第3行代码:设置Y方向动画执行时固定的位置,同xml中第8行代码。
(3)TranslateAnimation 位移渐变效果动画。
创建时指定起始以及结束位置,并指定动画的持续时间即可;对应<translate/>标签。xml中代码如下。

```
1    <translate xmlns:android = "http://schemaEs. android. com/apk/res/android"
2         android:interpolator = "
             @ android:anim/accelerate_decelerate_interpolator"
3         android:fromXDelta = "0"
4         android:toXDelta = "320"
5         android:fromYDelta = "0"
6         android:toYDelta = "100"
7         android:duration = "2000"/>
```

①第3—4行代码:设置X方向的开始和结束时的坐标。
②第5—6行代码:设置Y方向的开始和结束时的坐标。
接下来是平移动画的实例化,在Activity中,加入以下代码。

```
1    TranslateAnimation translateAnimation = new TranslateAnimation(0f,320f,
         0f, 100f);
2    translateAnimation. setDuration(2000);
```

构造方法中的4个参数,同xml中的第3—6行代码,依次为开始时X方向的坐标、结束时X方向的坐标、开始时Y方向的坐标、结束时Y方向的坐标。

(4)RotateAnimation 旋转渐变效果动画。
创建时指定动画起始以及结束的旋转角度,以及动画持续时间和旋转的轴心;对应<rotate/>标签。在xml中代码如下。

补间动画——旋转

```
1    <rotate xmlns:android = "http://schemas. android. com/apk/res/android"
2         android:interpolator =
             " @ android:anim/accelerate_decelerate_interpolator"
3         android:fromDegrees = "0"
4         android:toDegrees = "360"
```

```
5        android:duration="1000"
6        android:repeatCount="1"
7        android:repeatMode="reverse"/>
```

第3—4行代码:fromDegrees/toDegrees 旋转的起始/结束角度。
Java 代码中实现上述效果代码如下。

```
RotateAnimation rotateAnimation = new RotateAnimation(0f, 360f);
```

(5)速度变化控制器 Interpolator。

既然动画从指定的开始状态变化到结束状态由系统计算,那么变化过程是匀速、匀加速或匀减速,系统提供了 Interpolator 控制变化速度,在 xml 中通过 android:interpolator 属性设置值实现对变化速度的控制,常用的速度变化有下面五种。

①LinearInterpolator:动画以均匀的速度改变,在 xml 中通过设置值@android:anim/linear_interpolator 完成实现。

②AccelerateInterpolator:在动画开始的地方改变速度较慢,然后开始加速,在 xml 中通过设置值@android:anim/accelerate_interpolator 完成实现。

③AccelerateDecelerateInterpolator:在动画开始、结束的地方改变速度较慢,中间时加速,在 xml 中通过设置值@android:anim/accelerate_decelerate_interpolator 完成实现。

④CycleInterpolator:动画循环播放特定次数,变化速度按正弦曲线 Math.sin(2 * mCycles * Math.PI * input)改变,在 xml 中通过设置值@android:anim/cycle_interpolator 完成实现。

⑤DecelerateInterpolator:在动画开始的地方改变速度较快,然后开始减速,在 xml 中通过设置值@android:anim/decelerate_interpolator 完成实现。

以 LinearInterpolator 的使用为例,在 xml 中如果希望动画匀速改变,就要在 xml 中添加属性值(见代码第 2 行)。

```
1   <rotate xmlns:android="http://schemas.android.com/apk/res/android"
2        android:interpolator="@android:anim/linear_interpolator"
3        ……
```

除了 xml 中的实现方式,动画匀速改变的效果也能在 java 代码中实现,代码如下。

```
1   RotateAnimation rotateAnimation = new RotateAnimation(0,360);
2   rotateAnimation.setInterpolator(new LinearInterpolator());
```

8.2.5 实现自动模式下的风扇转动

在仓储环境安防模块中,除了实现对火灾、烟雾的监测,温度、湿度的监控也非常重要,本节任务将实现自动模式下监测环境温度、湿度数据,当温湿度高于阈值时,控制风扇转动,实现降温和除湿。在参数设置界面,我们可以看到温度报警阈值、湿度报警阈值、模式设置的界面,效果如图 8.17 所示。

实现自动模式
下的风扇转动

图8.17　布局效果图

（1）在res/anim目录下定义旋转的动画文件，新增xml文件，文件名为"rotate_fan.xml"，代码如下。

```
1    <?xml version="1.0" encoding="utf-8"?>
2    <rotate xmlns:android="http://schemas.android.com/apk/res/android"
3        android:interpolator="@android:anim/accelerate_decelerate_interpolator"
4        android:fromDegrees="0"
5        android:toDegrees="361"
6        android:pivotX="50%"
7        android:pivotY="50%"
8        android:duration="1500"
9        android:repeatCount="infinite"
10
11       android:repeatMode="restart"/>
```

（2）在WareFirstActivity中定义变量autoMode并初始化为false、定义风扇图片控件对象ivFan、旋转动画的动画对象rotateAnim，代码如下。

```
boolean autoMode = false;
ImageView ivFan;
Animation rotateAnim;
```

（3）在initView方法中实现风扇控件的初始化和模式设置的开关对象swFan的选择事件实现，代码如下。

```
1    ivFan = findViewById(R.id.iv_fan);
2
3    swFan.setOnCheckedChangeListener(new CompoundButton.
         OnCheckedChangeListener() {
4            @Override
5            public void onCheckedChanged(CompoundButton buttonView,
                boolean isChecked) {
6                autoMode = isChecked;
7
```

```
8            }
9        });
```

(4)在 initAnim 中实例化旋转动画的对象,代码见加粗部分。

```
1    private void initAnim() {
2        rotateAnim = AnimationUtils.loadAnimation(this, R.anim.rotate_fan);
3        scaleAnim = AnimationUtils.loadAnimation(this, R.anim.scale_words);
4    }
```

(5)从资源包"/04_src/entity/"下拷贝 DataBean 和 DatasDTOBean,将两个类拷贝到 com.example.smartstorage.entity 包目录下。

(6)从云平台得到温湿度数据后,Handler 异步处理方法 handleMessage 中,在 data 数据实例化后,增加以下判断。若开关为自动模式,程序将根据从云平台获取的温度或湿度数据判断是否超过阈值。如果超过,开启风扇,上传风扇数据到云平台。

```
1    tempTV.setText("" + data.getM_temperature() + "℃");
2    humTV.setText("" + data.getM_humidity() + "RH");
3    if(autoMode&&(data.getM_temperature()>temperatureSet||
4            data.getM_humidity()>humiditySet)) {
5        ivFan.startAnimation(rotateAnim);
6        if(!"开启".equals(data.getFan()))
7            new Thread(new Runnable() {
8                @Override
9                public void run() {
10                   if (HttpUtil.AccessToken != null) {
11                       DataBean db = new DataBean();
12                       wareEnvData.setFan("开启");
13                       String params = db.getBeanJson(wareEnvData);
14                       String res2 = HttpUtil.postData("
15                               http://api.nlecloud.com/devices/"+deviceID
16                               +"/Datas", params);
17                       if (res2.contains("\"Status\":0")) {
18                       }
19                   }
20               }
21           }).start();
22   }
```

①第 3—4 行代码：autoMode 为自动模式开关的值，取值 true 为自动模式，data 是云平台获取温湿度数据的存储对象。

②第 5 行代码：开启风扇转动动画，ivFan 为风扇开关控件，rotateAnim 为旋转动画对象。

③第 11—12 行代码：构造上传数据的对象，这里只上传风扇的显示变量 fan，其值设置为"开启"。

④第 14 行代码：调用工具类 HttpUtil 的上传数据方法，路径为 http://api.nlecloud.com/devices/{deviceID}/Datas，其中 deviceID 为云平台中用户自己创建的设备 ID；对具体取值，前面设置界面实现处已做介绍。

> 小提示：DataBean 是一个实体类，为程序获取数据后提取环境参数 WareEnvData 对象服务，此处只需添加它并调用其方法即可！

满足自动模式下，温湿度数据大于阈值，风扇开启；不满足条件时，风扇需关闭。不满足风扇转动的条件包括：

- 非自动模式时，风扇不自动开启。
- 自动模式时，温度小于阈值，湿度数据也小于阈值。

其代码如下。

```
1   if(autoMode&&(data.getM_temperature()<temperatureSet&&
2       data.getM_humidity()<humiditySet)){
3       //以上已完成该部分代码，这里省略……
4   }
5   if(! autoMode || (data.getM_temperature()<temperatureSet&&data.getM_humidity()<humiditySet))
6       ivFan.clearAnimation();
```

> 小提示：clearAnimation 为关闭对象动画方法，记住一句话：谁调用，谁关闭。

运行程序，设置界面中输入温度报警阈值、湿度报警阈值，如图 8.18 所示。图中将温度和湿度的报警阈值都设置为 10，模式设置为自动模式。

新大陆物联网云平台数据模拟器中，将温度值设置为大于温度报警阈值的数据或将湿度值设置为大于湿度报警阈值的数据，如图 8.19 所示。这里将数据模拟器的温度设置为 21.7 ℃，其值大于报警阈值 10 ℃，并且模式处于自动模式，风扇将自动旋转。（a）(b) 图分别为截取风扇触发转动后的效果图。

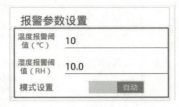

图 8.18　参数设置参考图

 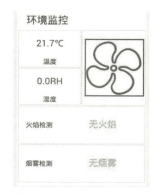

（a）温度过高风扇转动效果　　（b）温度过高风扇转动效果

图 8.19　温度超过阈值风扇转动

8.3　任务检查

在完成仓储环境异常监测后，需要结合 checklist 对代码和功能进行走查，达到如下目的。

（1）确保在项目初期就能发现代码中的 BUG 并尽早解决。

（2）发现的问题可以与项目组成员共享，以免出现类似错误。

检查项目标准见表 8.5。

表 8.5　智能仓储主界面 checklist

序号	检查项目	检查标准	学生自查	教师检查
1	MyService 服务是否完成注册	Androidmanifest.xml 中有包含 MyService 的服务信息注册，且该服务能被应用识别，不报错		
2	服务能否正常启动	WareFirstActivity 中包含 MyService 服务的 Intent 的实例化，和 startActivity 的调用		
3	云平台是否完成正确配置	网页登录新大陆物联网云平台，有创建设备、设备下包含火焰等传感器，且设备处于在线状态		
4	是否能连接云平台并获取数据	应用程序设置界面的用户名、密码、设备 ID 与云平台的信息一致		

续表

序号	检查项目	检查标准	学生自查	教师检查
5	程序是否能正常采集火焰数据	Androidmanifest.xm 中配置了网络访问权限,且首页能实时显示并刷新温度、湿度、烟雾、火焰等数据		
6	Logcat 中是否输出火焰数据	云平台使用数据模拟器模拟输入火焰数据,logcat 中输出的数据值与输入的值保持一致		
7	火焰数据为"1"时,通知是否能收到	云平台模拟器中输入"1",系统通知栏中弹出火焰异常通知并发出提示音,单击通知能进入仓储首页		
8	火焰数据为"0"时,通知是否停止发送	云平台模拟器中输入"0",系统通知栏中不再弹出火焰异常的通知		
9	火焰数据为"1"时,火焰动画是否显示,文本变红	云平台模拟器中输入"1",首页中火焰动画出现,且文本颜色为红色		
10	火焰数据为"0"时,火焰动画是否消失,文本变绿	云平台模拟器中输入"0",程序首页中火焰动画消失,且文本颜色为绿色		
11	烟雾动画是否实现	烟雾动画监测的程序后运行项目,设置云平台数据模拟器中烟雾数据为"1",有烟雾缩放动画		
12	res/anim 下是否有缩放动画的 xml 文件	项目 res/anim 下有 scale 的 xml 文件		
13	动画是否加载到 Activity 中	Activity 中有定义动画对象,并接收缩放动画的 xml 文件名		
14	缩放动画出现的逻辑是否正确	云平台设置烟雾数据"1",出现缩放效果,字体红色;设置为"0",缩放动画效果停止,字体为绿色		
15	风扇转动动画是否实现	设置界面中,模式设置为自动模式,云平台中模拟温度或湿度数据大于阈值,程序运行效果中风扇开始转动		
16	检查动画文件是否设置	res/anim 下的 rotate 有定义		
17	旋转动画是否加载到 Activity 中	Activity 中有定义动画对象并接收旋转动画的 rotate.xml 文件名		
18	风扇转动逻辑是否正确	自动模式下,温度数据大于阈值或湿度数据大于阈值时,风扇转动;温度和湿度数据均小于阈值时,风扇停止转动		

8.4　评价反馈

学生汇报	教师讲评	自我反思与总结
1. 成果展示 2. 功能介绍 3. 代码解释	 	

8.5　任务拓展

工作任务　监控仓储环境出现异常数据的拓展	
一、任务内容(5 分)	成绩：
（1）修改代码，修改任务 6 中的后台服务，监听仓储环境数据。当监测的温度大于 50 ℃，或者湿度数据大于 45 RH 时，开启消息通知，通知内容中需明确提示具体的异常信息。比如，温度大于 50 ℃时，异常信息为温度异常；湿度大于 45 RH 时，异常信息提示湿度过高。 （2）使用 GridView 完成一个每行 3 列数据的图片预览显示效果。	
二、知识准备(20 分)	成绩：
（1）android studio 中 Service 服务的定义。 （2）Service 的生命周期和启动方法。 （3）Notification 的各个初始化方法。 （4）在 GridView 的 xml 中，设置每行列数的方法 setColumn 的运用。 （5）自定义适配器的用法。	

续表

三、制订计划(25分)　　　　　　　　　　　　　　成绩：

根据任务的要求，制订计划。

作业流程		
序号	作业项目	描述

计划审核	审核意见：
	年　　　月　　　日　　　　　　　　　签字：

四、实施方案(40分)　　　　　　　　　　　　　　成绩：

任务1

1. 建立工程

新建 Android 项目"Task8_1"，包名为"com. example. myapplication"(与示例工程的包名一致)。将 activity，adapter，dialog，entity，util 等 java 资源文件拷贝到当前工程的"com. example. myapplication"下，将资源文件 res 下的 drawable 文件夹、layout 文件夹全部拷贝替换到当前工程的 res 下。运行工程，检查是否报错。

工程结构图	工程是否创建完成	□是 □否
	运行是否成功	□是 □否

2. 编写代码

修改 service 下实体类 MyService 的线程，增加温度和湿度数据的判断，如果温度或湿度超过最大值，就将获取的温度或湿度数据传入 Notification。

工程结构图	实体类增加属性是否完成	□是 □否
	运行是否成功	□是 □否

续表

任务2		
1. 建立工程 新建 Android 项目，网上下载或准备 n 张矢量图片，图片命名为 $p1 \sim pn$。将图片拷贝到 drawble 下，运行工程，检查其是否有错。		
	工程是否创建完成	□是 □否
	运行是否成功	□是 □否
2. 编写代码 在定义 GridView 的布局文件中，定义 GridView 为每行 3 列。		
	实体类增加属性是否完成	□是 □否
（1）定义 GridView 的子 item 布局 xml 文件，子 item 布局文件总定义图片控件 ImageView。 （2）自定义 Adapter，将 $p1 \sim pn$ 的图片资源获取并存入数组或列表，在 getView 中传入每号元素的值。 （3）在 Activity 中 GridView 调用设置适配器的方法。 3. 其他		

五、评价反馈(10 分)	成绩：

请根据自己在课程中的实际表现进行自我反思和自我评价。

自我反思：_____

_____

自我评价：_____

_____

参考文献

[1] 郭霖. 第一行代码——Android[M]. 3 版. 北京：人民邮电出版社，2020.

[2] 季云峰，刘丽. 物联网移动应用开发[M]. 北京：机械工业出版社，2020.

[3] 李斌. Android Studio 移动应用开发任务教程：微课版[M]. 北京：人民邮电出版社，2020.

[4] 郑丹青. Android 模块化开发项目式教程：Android Studio[M]. 北京：人民邮电出版社，2018.

[5] 刘凡馨，夏帮贵. Android 移动应用开发基础教程：微课版[M]. 北京：人民邮电出版社，2018.

[6] 施冬梅，孙翠改. Android 案例开发项目实战[M]. 北京：清华大学出版社，2021.

[7] 张仰森. 智能化立体仓库软件系统开发[M]. 北京：清华大学出版社，2021.